苹果属植物资源图鉴

PINGGUOSHU ZHIWU ZIYUAN TUJIAN

沙广利　黄　粤　主编

天津出版传媒集团

天津科学技术出版社

图书在版编目（CIP）数据

苹果属植物资源图鉴 / 沙广利, 黄粤主编. -- 天津：
天津科学技术出版社，2024. 6. -- ISBN 978-7-5742
-2311-0

Ⅰ. Q949.751.8

中国国家版本馆CIP数据核字第2024E2E869号

苹果属植物资源图鉴

PINGGUOSHU ZHIWU ZIYUAN TUJIAN

责任编辑：陈震维

责任印制：赵宇伦

出　　版：天津出版传媒集团
　　　　　天津科学技术出版社
地　　址：天津市和平区西康路 35 号
邮　　编：300051
电　　话：（022）23332369
网　　址：www.tjkjcbs.com.cn
发　　行：新华书店经销
印　　刷：山东联志智能印刷有限公司

开本 710×1000　1/16　印张 9　字数　150 000
2024 年 6 月第 1 版第 1 次印刷
定价：68.00元

主　编　沙广利　黄　粤

副主编　葛红娟　马荣群

编著者　孙吉禄　张蕊芬　孙红涛

前　言

　　苹果属（*Malus*）是蔷薇科（*Rosacea*）中一类具有重要经济价值的植物，在人类生活中起着重要作用。苹果属植物野生种分为 27 个种，4 个亚种，14 个变种，3 个变型；园艺分类的栽培种分为 8 个种，1 个亚种和 7 个变种（李育农，2001）。

　　苹果属植物具有多种经济用途。鲜食类、加工类苹果品种约有一万多种，常用于经济栽培的品种也有百余种，栽培面积与产量均列世界重要水果种类之列；用作园林观赏的苹果属植物，常称为海棠（果实直径通常小于 5 厘米），树姿优美，春花烂漫，是世界著名的园林景观树种，在中国有西府海棠、垂丝海棠等传统佳品，享有"花中神仙""国艳"之美誉，在欧美更是品种繁多，不下千种；用作嫁接砧木的苹果属植物，既有用种子繁殖的野生种如山丁子、扁果海棠、湖北海棠等实生砧木，也有通过无性繁殖的 M 系、B 系、SH 系等选育品种；用作专用授粉品种的苹果属植物，如红蜂、黄蜂等。

　　1980 年，为了满足科研工作的需要，青岛市农业科学研究院在李村本部建有苹果砧木资源圃，以矮化砧木为重点，收集保存苹果属植物资源。

　　2001 年，青岛市农业科学研究院果树研究室试验基地自李村搬迁到崂山区北宅镇，苹果砧木资源圃随迁。为了丰富资源储备，2004 年自西南农业大学李育农先生处引入其嫁接繁殖的苹果属植物资源苗木，个别种类为接穗。李育农先生长期从事苹果属植物资源研究，重点收集、保存苹果属野生植物。

青岛市农业科学研究院原先保存的苹果属植物以砧木资源为主，包括各类矮化砧和部分野生植物，加上引自西南农业大学的苹果属野生植物，形成了青岛市农业科学研究院资源保存的基础框架。自 2004 年以来，陆续补充、引进、入圃了威海昆嵛山的三叶海棠、青岛崂山的崂山海棠（湖北海棠）、崂山奈子、内蒙古包头山丁子、鄂尔多斯海红、甘肃天水石枣子、倒挂珍珠等野生资源，'绚丽''红丽''钻石'等北美观赏海棠。

目前，青岛市农业科学研究院苹果砧木资源圃占地 20 余亩，保存有苹果属 30 个种（含栽培种）的 260 个类型，重点保存无融合生殖砧木资源、无性系矮化砧木资源、抗性砧木资源、观赏海棠资源、育种中间类型、自育砧木新品种与海棠新品种。先后承担国家现代苹果产业技术体系青岛综合试验站、国家科技支撑计划、国家公益行业专项资金、国家青年自然科学基金、山东省农业良种化工程、山东省自然科学基金、青岛市自然科学基金等科研项目。

资源圃建立以来，恪守资源共享原则，先后协助国内外多家科研教学单位进行杂交授粉、生物学特性观察等科研教学工作，为多家单位提供砧木种子、接穗、花粉等科研试材，促进了我国苹果砧木选育工作和人才培养工作。

该书以青岛市农业科学研究院保存的苹果属植物资源为基础，包括 25 份苹果属野生种、46 份人工选育的品种或类型、20 份青岛市农业科学研究院选育的砧木、海棠品种或品系等三部分，共记录、描述了 91 份资源在青岛地区的性状表现，拍摄每种植物的花、叶、枝及植株全貌，并对其主要特征配以简短的文字说明，以期为同行与爱好者了解、鉴别苹果属植物，提供参考。

附录 1 介绍了青岛市农业科学研究院选育的苹果砧木、海棠品种的特征特性、栽培技术、适宜区域等信息。附录 2 是截至 2019 年，全世界范围内，正式发表或进行植物品种权登记保护的苹果砧木品种名录，包含了亲本、选育单位、选育人、发表刊物、植物品种权编号等信息。

沙广利

2023 年 12 月 24 日

目 录

第一章　苹果属植物野生种

第二章　人工选育的品种或类型

第三章　青岛市农业科学研究院选育的苹果砧木、海棠品种或品系

第一章

苹果属植物野生种

扁果海棠

Malus platycarpa

原产中国。

病毒指示植物，对褪绿叶斑病毒敏感。

树姿直立，树干灰褐色，无裂纹。枝条褐色，一年生枝无绒毛。叶片卵圆形，叶片前端锐尖，叶缘锐锯齿，叶片基部圆钝。每个花序5～6朵花。花蕾粉红色，花瓣白色。果实扁圆形，果实底色黄色，果实盖色浅红色。花萼宿存。

变叶海棠

Malus toringodes（rend.）Hughes

分布于我国西北、西南和黄河中下游地区；具无融合生殖特性，耐瘠薄，嫁接苹果易成活，矮化，有早花早果性。

树姿开张，树干灰色，有裂纹。一年生枝黄绿色，无绒毛，多年生枝灰色。叶片卵形，叶片前端锐尖，叶缘锐锯齿，叶片基部渐狭。每个花序 4 ~ 6 朵花。花蕾淡粉色，花瓣白色。果实卵圆形，果实底色黄色，果实盖色红色。花萼脱落。

槟子

Malus domestica subsp.chinensis var.binzi Li Y.N.

来源于绵苹果与花红(沙果)的自然杂交种,分布于陕西、山西、河北等地。树体生长旺盛,结果多,丰产,抗病性好。

树姿开张,树干灰色,无裂纹。一年生枝红褐色,有绒毛,多年生枝灰绿色。叶片卵形,叶片前端钝尖,叶缘锐锯齿,叶片基部楔形。每个花序5~6朵花。花蕾粉红色,花瓣白色。果实圆形,果实底色黄色,果实盖色紫红色。花萼宿存。

草原海棠

Malus ioensis

原产北美，抗锈病。

树姿开张，树干浅灰色，有裂纹。一年生枝红褐色，有拐折，有绒毛，多年生枝灰色。叶片有裂刻，叶片前端钝尖，叶缘钝锯齿，叶片基部圆钝或楔形。每个花序 5 ~ 7 朵花。花蕾粉红色，花瓣浅粉色，花期晚，有香味。果实圆形，果实底色绿色，有果点。花萼宿存。

垂丝海棠

Malus halliana Koehne

中国传统海棠品种，为"海棠四品"之一。花艳丽，花梗细弱，花朵下垂，树姿优美。栽培种从甘肃到浙江都有分布，野生种在甘肃称倒挂珍珠，可作苹果砧木。

树姿开张，树干灰褐色，有裂纹。一年生枝黄褐色，多年生枝灰褐色。叶片长卵形，叶片前端钝尖，叶缘锐锯齿，叶片基部楔形或圆钝。每个花序4～6朵花。花蕾紫红色，花瓣粉红色，有单、重瓣之分。果实圆形，果实底色绿色，果实盖色紫红色。花萼脱落。

多花海棠
Malus floribunda

原产日本。抗锈病，并且携抗黑星病基因，经多代杂交育成了抗黑星病品种 Prima。

树姿开张，树干灰色，无裂纹。一年生枝绿色，多年生枝灰色。叶片卵圆形，叶片前端钝尖，叶缘锐锯齿，叶片基部楔形。每个花序 5 ~ 7 朵花。花蕾深红色，花瓣粉红色或白色。果实圆形，果实底色黄色，果实盖色橙色或红色。花萼脱落。

海红

Malus micromalus

　　分布于我国山西、陕西、内蒙古等地区。花萼宿存是其与西府海棠的区别。树体高大，花量大，树型壮美。

　　树姿开张，树干褐色，有裂纹。一年生枝褐色，无绒毛，多年生枝黄绿色。叶片卵圆形，叶片前端锐尖，叶缘锐锯齿，叶片基部圆钝或楔形。每个花序5～7朵花。花蕾粉红色，花瓣白色。果实扁圆形，果实底色黄色，果实盖色亮红色。花萼宿存。

海棠花

Malus spectabilis（Ait.）Borkh.

我国传统观赏海棠品种，有粉红重瓣花、白色重瓣花两种变型。

树姿直立，树干灰色，无裂纹。一年生枝黄绿色，有绒毛，多年生枝灰色。叶片长卵形，叶片前端渐尖，叶缘钝锯齿，叶片基部楔形或圆钝。每个花序6～8朵花。花蕾红色，花瓣白色或粉红。果实圆形，果实底色绿色或黄色，果实盖色黄色。花萼宿存。

褐海棠

Malus fusca

原产北美。树体比较高大，花药黄色，与其他北美种花药紫黑色不同，是北美观赏海棠的重要亲本之一。

树姿斜上伸展，树干灰色，无裂纹。一年生枝黄绿色，有绒毛，多年生枝灰色。叶片长卵形，叶片前端渐尖，叶缘钝锯齿，叶片基部楔形或圆钝。每个花序 6 ~ 8 朵花。花蕾红色，花瓣白色。果实圆形，果实底色黄绿色，果实盖色红色。花萼宿存。

湖北海棠

malus hupehensis（Pamp.）Rehd.

原产中国，多为三倍体，具无融合生殖特性，是重要的苹果砧木资源。有多种类型，山东省境内有平邑甜茶、泰山海棠、崂山海棠等。

树姿开张，树干灰色，有裂纹。一年生枝红褐色，多年生枝灰色。叶片卵圆形，叶片前端锐尖，叶缘锐锯齿，叶片基部圆钝。每个花序 5 ~ 6 朵花。花蕾粉红色，花瓣白色。果实圆形，果实底色绿黄色，果实盖色红色。花萼脱落。

吉尔吉斯苹果

Malus kirghisorum Al.et An Theod

分布于中亚、喜马拉雅山等地，为塞威士苹果的变种。吉尔吉斯苹果各年生枝皆无刺，塞威士苹果则有针枝。

树姿开张，树干灰色，有裂纹。一年生枝绿色，有绒毛，多年生枝灰绿色。叶片卵圆形，叶片前端钝尖，叶缘锐锯齿，叶片基部圆钝。每个花序5～6朵花。花蕾淡粉色，花瓣白色。果实圆形，果实底色黄色，果实盖色红色。花萼宿存。

莱芜茶果

Malus prunifolia

原产山东，楸子的一种类型，嫁接苹果亲和性好，有一定矮化性，抗性强。

树姿开张，树干灰色，无裂纹。一年生枝褐色，无绒毛，多年生枝黄绿色。叶片卵圆形，叶片前端锐尖，叶缘钝锯齿，叶片基部圆钝。每个花序5～6朵花。花蕾淡粉色，花瓣粉色或白色。果实圆形，果实底色黄色，果实盖色紫红色。花萼宿存。

莱芜难咽

Malus robusta

原产山东，扁棱海棠的一种类型。耐盐性强，嫁接苹果结果早，产量高。

树姿开张，树干灰色，无裂纹。一年生枝褐色，无绒毛，多年生枝黄绿色。叶片卵圆形，叶片前端锐尖，叶缘锐锯齿，叶片基部楔形或圆钝。每个花序5～6朵花。花蕾淡粉色，花瓣白色。果实圆形，果实底色黄色，果实盖色红色。花萼残存。

崂山 2 号

Malus hupehensis var.laoshanensis G.L.Sha

原产山东崂山，湖北海棠的一种类型。具无融合生殖特性，种子繁殖的实生苗整齐一致，可用作苹果砧木。

树姿开张，树干灰绿色，有裂纹。一年生枝褐色，无绒毛，多年生枝灰褐色。叶片卵圆形，叶片前端锐尖，叶缘复锯齿，叶片基部圆钝。每个花序 5 ~ 6 朵花。花蕾淡粉色，花瓣白色。果实扁圆形，果实底色黄色，果实盖色红色。花萼脱落。

崂山 3 号

Malus hupehensis var.laoshanensis G.L.Sha

　　原产山东崂山，湖北海棠的一种类型。具无融合生殖特性，种子繁殖的实生苗整齐一致，可用作苹果砧木。

　　树姿开张，树干灰色，有裂纹。一年生枝褐色，无绒毛，多年生枝灰褐色。叶片卵圆形，叶片前端锐尖，叶缘复锯齿，叶片基部圆钝。每个花序 5～6 朵花。花蕾淡粉色，花瓣白色。果实扁圆形，果实底色黄色，果实盖色紫红色。花萼脱落。

毛山荆子

Malus manshurica

　　原产中国北方，延至俄罗斯、朝鲜、日本。形态与山荆子相似，唯叶柄、花梗、萼筒外面具短柔毛，果形稍大，呈椭圆形。抗寒性极强，可作为苹果砧木。

　　树姿开张，树干灰色，有裂纹。一年生枝褐色，有绒毛，多年生枝褐色。叶片卵圆形，叶片前端锐尖，叶缘锐锯齿，叶片基部圆钝。每个花序5朵花。花蕾淡粉色，花瓣白色。果实圆形，果实底色黄色，果实盖色红色。花萼脱落。

平邑甜茶

Malus hupenhensis

原产山东蒙山，湖北海棠的一种类型。具无融合生殖特性，种子繁殖的实生苗整齐一致，抗涝能力强，可作为苹果砧木。

树姿开张，树干灰色，有裂纹。一年生枝褐色，无绒毛，多年生枝褐色。叶片卵圆形，叶片前端锐尖，叶缘复锯齿，叶片基部圆钝或楔形。每个花序4～6朵花。花蕾淡粉色，花瓣白色。果实圆形，果实底色黄色，果实盖色红色。花萼脱落。

乔劳斯基海棠

Malus tschonoskii

原产日本。高大乔木。在青岛生长良好，在泰安、北京适应性差。

树姿直立，树干灰色，无裂纹。一年生枝黄褐色，多年生枝灰色。叶片卵圆形，幼叶两面有白色茸毛，一年生新梢密被白色茸毛，幼芽红色。叶片前端钝尖，叶缘复锯齿，叶片基部圆钝。每个花序 4 ~ 6 朵花。花蕾淡粉色，花瓣白色。果实圆形，果实底色绿色，果实盖色红色，有褐色果点。花萼宿存。

楸子

Malus prunifolia

广泛分布于我国中部地区。类型与名称繁多，著名的有山东的崂山奈子、烟台沙果、莱芜茶果，陕西的富平楸子，山西的河曲海红，日本的圆叶海棠等。多用作实生砧木，各类型之间表现差异较大。

树姿开张，树干灰色，有裂纹。一年生枝棕褐色，有绒毛，多年生枝灰色。叶片卵形，叶片前端锐尖，叶缘锐锯齿，叶片基部圆钝。每个花序 5 ~ 6 朵花。花蕾粉红色，花瓣白色。果实扁圆形，果实底色绿色，果实盖色黄色。花萼宿存。

森林苹果

Malus sylvestris

原产欧洲，许多品种与此种有亲缘关系。道生苹果为其变种，英国东茂林（East Malling，UK）试验站选育的 M 系砧木多源于此。

树姿开张，树干灰色，有裂纹。一年生枝褐色，有绒毛，多年生枝褐色。叶片卵圆，叶片前端锐尖，叶缘复锯齿，叶片基部圆钝。每个花序 5 朵花。花蕾粉红色，花瓣淡粉色或白色。果实阔圆锥形，果实底色黄色，果实盖色红色。花萼脱落。

山荆子

Malus baccata

又名山丁子，变种和类型较多，主要分布于我国东北、华北及西南地区，朝鲜半岛及西伯利亚亦有分布。耐寒力极强，在东北常用作苹果砧木，在盐碱地易表现黄化现象。

树姿开张，树干灰色，有裂纹。一年生枝褐色，有绒毛，多年生枝褐色。叶片卵圆，叶片前端锐尖，叶缘锐锯齿，叶片基部圆钝或楔形。每个花序5朵花。花蕾淡粉色，花瓣白色。果实圆形，果实底色黄色，果实盖色红色。花萼脱落。

西府海棠

Malus micromalus

　　来源于山丁子与海棠花的天然杂交，为苹果属植物的栽培种。概因古代的西府（今陕西宝鸡）栽培较多而得名，成为中国的传统海棠品种，在园林中多有应用。杨进先生在其《中国苹果砧木资源》中将河北怀来的八棱海棠归为西府海棠，而李育农先生则将八棱海棠归为扁棱海棠。

　　树姿直立，树干灰褐色，有裂纹。一年生枝红褐色，有绒毛，多年生枝灰绿色。叶片卵圆，叶片前端锐尖，叶缘锐锯齿，叶片基部楔形或圆钝。每个花序5～7朵花。花蕾深红色，花瓣粉红或白色。果实圆形，果实底色黄色，果实盖色红色。花萼残存。

锡金海棠

Malus sikkimensis（Hiik.f.）Koehne

主要分布在我国西南部的云南、西藏、四川等地，在云南的德钦、维西、云龙、贡山、腾冲等地有原始森林。多生于海拔2500～3000米的山坡或者沟谷，适应性强，抗寒、抗旱、耐瘠薄，但易得白粉病。有无融合生殖特性。

树姿开张，树干灰色，有裂纹。一年生枝褐色，有绒毛，多年生枝褐色。叶片卵圆，叶片前端锐尖，叶缘锐锯齿，叶片基部楔形或圆钝。每个花序4～7朵花。花蕾淡粉色，花瓣白色。果实圆形，果实底色黄色，果实盖色红色。花萼脱落。

小金海棠

Malus xiaojinensis Cheng et Jiang

分布于四川省小金县附近，有无融合生殖特性，根系发达，固地性好，抗寒、抗旱、抗涝，耐瘠薄，无根蘖，可用作苹果的砧木。抗缺铁失绿，中国农大韩振海从中选出'中砧1号'。

树姿开张，树干灰色，有裂纹。一年生枝黄绿或褐色，有绒毛，多年生枝灰褐色。叶片长卵圆形，叶片前端锐尖，叶缘复锯齿，叶片基部楔形或圆钝。每个花序4~7朵花。花蕾淡粉色，花瓣粉色或白色。果实椭圆形，果实底色黄色，果实盖色红色。花萼脱落。

圆叶海棠

Malus prunifolia

原产日本，楸子的一种类型。易扦插繁殖，在日本常用作矮化中间砧苗木的基砧。

树姿开张，树干灰褐色，无裂纹。一年生枝褐色，有绒毛，多年生枝黄绿色。叶片卵圆，叶片前端锐尖，叶缘锐锯齿，叶片基部圆钝或楔形。每个花序5～7朵花。花蕾淡粉色，花瓣白色。果实圆形，果实底色紫色，果实盖色紫色。花萼宿存。

第二章

人工选育的品种或类型

Bly-114WT

大棠博来的野生型。

树姿开张，树干褐色，无裂纹。枝条褐色，一年生枝无绒毛。叶片卵圆形，前端锐尖，叶缘复锯齿，叶片基部圆钝形。每个花序 5 朵花。花蕾紫色，花瓣紫红色，花萼宿存。果实圆形，果实底色黄色，果实盖色红色。

B9

苏联品种，矮化砧，抗寒力强，早果性好，丰产性好。

树姿开张，树干灰褐色，无裂纹。一年生枝紫红色，有绒毛，多年生枝褐色。叶片卵圆形，叶片前端锐尖，叶缘钝锯齿，叶片基部圆钝形。每个花序 5 朵花。花蕾紫红色，花瓣粉红色。果实圆形，果实底色黄色，果实盖色紫红色。花萼宿存。

B118

苏联品种，矮化砧，抗寒力强。

树姿开张，树干灰褐色，无裂纹。一年生枝紫红色，有绒毛，多年生枝褐色。叶片卵圆形，叶片前端锐尖，叶缘钝锯齿，叶片基部圆钝形或楔形。每个花序5朵花。花蕾紫色，花瓣粉红色。果实圆形，果实底色黄色，果实盖色紫红色。花萼宿存。

BMO

引自北美。

树姿斜上伸展，紧凑，树干灰色，无裂纹。一年生枝褐色，无绒毛；多年生枝褐色，节间短。 叶片卵圆形或有裂刻，叶片前端渐尖，叶缘锐锯齿，叶片基部平。每个花序 5 ~ 7 朵花。花蕾浅粉色，花瓣白色。果实圆形，果实底色黄色，果实深红色。花萼脱落。

Fullerton

引自北美。

树姿下垂，树干褐色，无裂纹。一年生枝褐色，无绒毛，多年生枝褐色。叶片卵圆形，叶片前端锐尖，叶缘锐锯齿，叶片基部圆钝形。每个花序 5 朵花。花蕾紫色，花瓣粉红色。果实圆形，果实底色橙色，果实紫红色。花萼脱落。

High St 27

引自北美。

树姿开张，树干褐色，无裂纹。一年生枝褐色，无绒毛，多年生枝褐色。叶片卵圆形，叶片前端锐尖，叶缘钝锯齿，叶片基部圆钝形。每个花序 5 朵花。花蕾紫红色，花瓣淡粉或白色。果实圆形，果实底色黄色，果实盖色红色。果中大，早熟，品质中等。花萼宿存。

M9T337

荷兰选育，M9 组培变异优系。压条易生根，嫁接苹果品种易成花。

树姿开张，树干灰色，无裂纹。一年生枝绿色，有绒毛，多年生枝黄绿色。叶片卵圆形，前端锐尖，叶缘钝锯齿，叶片基部圆钝形。每个花序 4～6 朵花。花蕾中粉，花瓣浅粉色。果实扁圆形，果实底色黄色，无盖色。花萼脱落。

Park Gate

引自北美。紧凑型小果海棠品种，花繁茂。

树姿斜上伸展，紧凑，树干褐色，无裂纹。一年生枝褐色，无绒毛，多年生枝褐色。 叶片长卵圆形，前端锐尖，叶缘锐锯齿，叶片基部圆钝形。每个花序 5 ~ 7 朵花。花蕾浅粉色，花瓣白色。果实球形，果实底色黄绿色，果实盖色紫红色。花萼脱落。

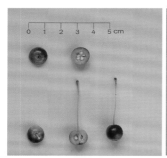

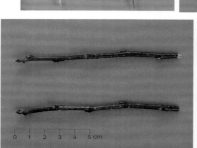

TS1

平邑甜茶实生，抗性强。

树姿近直立，紧凑，树干灰色，无裂纹。一年生枝褐色或绿色，无绒毛，多年生枝褐色。 叶片阔卵形，前端锐尖，叶缘复锯齿，叶片基部圆钝形。每个花序 4 ~ 6 朵花。花蕾浅粉色，花瓣白色。果实圆形，果实底色黄色，果实盖色红色。花萼脱落。

VIA

引自北美。

树姿开张，树干灰色，无裂纹。一年生枝褐色，无绒毛，多年生枝褐色。叶片卵圆形，前端锐尖，叶缘锐锯齿，叶片基部圆钝形或楔形。每个花序4～6朵花。花蕾紫色，花瓣紫色。果实圆形，果实底色橙色，果实盖色紫红色。萼片宿存，翻转，似石榴。

W112

引自北美。

树姿直立，树干灰绿色，无裂纹。一年生枝绿色或褐色，有绒毛，多年生枝黄绿色。叶片长椭圆形，前端锐尖，叶缘锐锯齿，叶片基部楔形。每个花序4～6朵花。花蕾圆形，粉色；重瓣，花瓣白色。果实圆形，果实底色黄色，果实盖色红色。花萼残存。

West Wood

引自北美。白花重瓣，繁花似锦。

树姿斜上伸展，树干灰绿色，无裂纹。一年生枝绿色或褐色，有绒毛，多年生枝黄绿色。叶片卵圆形，前端锐尖，叶缘锐锯齿，叶片基部圆钝形。每个花序4~6朵花。花蕾粉色，重瓣，花瓣白色。果实圆形，果实底色黄绿色，果实盖色黄绿色。花萼残存。

XJ2

小金海棠实生后代。具无融合生殖特性，实生苗易生侧枝。

树姿开张，树干灰色，无裂纹。一年生枝红色或绿色，无绒毛，多年生枝灰绿色。 叶片卵圆形，叶片前端锐尖。叶缘锐锯齿，叶片基部圆钝。每个花序 5 ~ 7 朵花。花蕾淡粉色，花瓣白色。果实圆形，果实底色黄色，无盖色。花萼脱落。

XJ3

小金海棠实生后代。具无融合生殖特性，实生苗不易生侧枝。

树姿开张，树干灰色，有裂纹。一年生枝棕色，有绒毛，多年生枝灰绿色。叶片卵圆形，叶片前端锐尖，叶缘锐锯齿，叶片基部圆钝。每个花序 5 ~ 7 朵花。花蕾淡粉色，花瓣白色。果实梨形，果实底色黄色，果实盖色红色。花萼脱落。

艾伯特 378

引自北美。

树姿开张，树干灰色，有裂纹。一年生枝褐色，无绒毛，多年生枝灰褐色。 叶片长椭圆形，叶片前端锐尖，叶缘钝锯齿，叶片基部楔形或圆钝。每个花序 4～6 朵花。花蕾紫色，花瓣紫红色。果实圆形，果实底色紫红色，果实盖色紫红色，有果粉。花萼宿存。

艾伯特 560

引自北美。

树姿下垂,树干灰褐色,无裂纹。一年生枝条紫红色,无绒毛。叶片卵圆形,叶片前端锐尖,叶缘锐锯齿,叶片基部楔形或圆钝。每个花序 4 ~ 6 朵花。花蕾紫色,花瓣紫红色。果实圆形,果实底色黄色,果实盖色紫红色。花萼宿存。

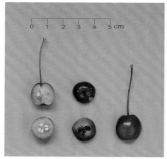

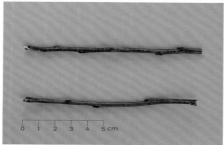

安娜
Anna

以色列早熟苹果品种。需冷量低，可以在低纬度地区栽培。

树姿开张，树干灰色，无裂纹。枝条灰绿色，一年生枝无绒毛。叶片卵圆形，前端钝尖，叶缘锐锯齿，叶片基部圆钝。每个花序5朵花。花蕾粉红色，花瓣粉色或白色。果实圆形，果实底色黄绿色，果实盖色紫红色。花萼宿存。

白兰地
Brandywine

　　树姿开张，树干灰色，无裂纹。一年生枝褐色，有绒毛，多年生枝灰褐色。叶片卵圆形或有裂刻，前端锐尖，叶缘复锯齿，叶片基部圆钝。每个花序 4～6 朵花。花蕾、花瓣粉红色，重瓣，有香味。果实扁圆形，果实底色黄色，无盖色。花萼脱落。

草莓果冻
Strawberry Parfait

北美海棠品种。

树姿开张，树干灰色，有裂纹。一年生枝褐色，无绒毛，多年生枝灰褐色。叶片长卵圆形，叶片前端渐尖，叶缘锯齿浅波状，叶片基部圆钝或楔形。每个花序 5 ～ 6 朵花。花蕾紫色，花瓣中粉色。果实圆形，果实底色黄色，果实盖色紫红色。花萼脱落。

达尔文
Darwin

北美海棠品种。可作为苹果品种的授粉树。

树姿开张，树干灰色，有裂纹。一年生枝紫红色，无绒毛，多年生枝红褐色。叶片卵圆形，叶片前端渐尖，叶缘锐锯齿，叶片基部楔形。每个花序5～6朵花。花蕾紫红色，花瓣紫色，部分重瓣。果实圆形，果实底色黄色，果实盖色橙色或红色。花萼宿存。

飞雪

Snow Drift

又称"雪球"。北美海棠品种，可作为苹果品种的授粉树。

树姿开张，树干灰褐色，无裂纹。一年生枝褐色，无绒毛，多年生枝黄绿色。叶片卵圆形，叶片前端锐尖，叶缘锐锯齿，叶片基部圆钝。每个花序4～6朵花。花蕾浅粉色，花瓣白色。果实圆形，果实底色黄色，果实盖色红色。花萼脱落。

粉芽

Pink Spire

北美海棠品种。

树姿直立，树干褐色，有裂纹。一年生枝褐色、无绒毛，多年生枝黄褐色。叶片卵圆形，叶片前端锐尖，叶缘复锯齿，叶片基部楔形。每个花序5～6朵花。花蕾紫红色，花瓣浅紫至粉红色。果实圆形，果实底色黄色，果实盖色红色。花萼残存。

圭尔夫

Guelph

引自北美，湖北海棠的一个类型，具无融合生殖特性。花期晚，青岛地区 4 月底至 5 月初开放。

树姿斜上伸展，树干棕绿色，有裂纹。枝条褐色，一年生枝无绒毛，多年生枝有黄色条纹。叶片卵圆形，叶片前端锐尖，叶缘复锯齿，叶片基部圆钝。每个花序 5 ~ 6 朵花。花蕾粉红色，花瓣白色。果实圆形，果实底色黄色，果实盖色红色。花萼脱落。

高原之火
Prairifire

北美海棠品种，花期晚，青岛地区 4 月底至 5 月初开放。

树姿开张，树干灰色，有裂纹。一年生枝红褐色，有绒毛，多年生枝褐色。叶片长卵圆形，叶片前端渐尖，叶缘钝锯齿，叶片基部钝圆。每个花序 5 ~ 6 朵花。花蕾、花瓣紫红色。果实圆形，果实底色黄绿色，果实盖色深紫色。花萼脱落。

海凌号

Hai Ling Hao

俄罗斯资源，耐盐碱。

树姿开张，树干灰色，无裂纹。一年生枝红褐色，无绒毛，多年生枝黄绿色。叶片卵圆形，叶片前端锐尖，叶缘锯齿波状，叶片基部圆钝。每个花序 5 ~ 6 朵花。花蕾白色，花瓣白色。果实圆形，果实底色黄色，果实盖色红色。花萼脱落。

红蜂

Red Hornet

北美海棠品种，可作为苹果品种的授粉树，山东省果茶站率先引入国内。

树姿开张，树干灰色，无裂纹。一年生枝红褐色，有绒毛，多年生枝灰褐色。叶片卵圆形，叶片前端锐尖，叶缘锐锯齿，叶片基部圆钝。每个花序 5 朵花。花蕾淡红色，花瓣白色。果实圆形，果实底色绿色，果实盖色红色。花萼宿存。

红丽

Red Splendor

北美海棠品种。

树姿开张，树干灰色，无裂纹。一年生枝紫红色，有绒毛，多年生枝红褐色。叶片卵圆形，叶片前端锐尖，叶缘锐锯齿，叶片基部圆钝。新叶酒红色，成叶橄榄绿色，秋叶紫红色，每个花序 6 ~ 8 朵花。花蕾深粉色，花瓣粉色。果实圆形，果实底色黄色，果实盖色紫红色。花萼残存。

红哨兵
Red Sentinel

北美海棠品种。

树姿开张,树干灰色,无裂纹。一年生枝紫红色,有绒毛,多年生枝灰褐色。叶片卵圆形,叶片前端锐尖,叶缘锐锯齿,叶片基部楔形或圆钝。每个花序 5 ~ 6 朵花。花蕾、花瓣紫红色。果实圆形,果实底色黄色,果实盖色紫色。花萼宿存。

红勋 1 号

Hong Xun 1 Hao

新疆生产建设兵团 64 团王洪勋从新疆海棠实生苗中选出的红果肉株系。

树姿斜上伸展，树干灰色，无裂纹。 一年生枝褐色，有绒毛，多年生枝灰褐色。叶片卵圆形，叶片前端锐尖，叶缘锐锯齿，叶片基部圆钝。每个花序 5 ~ 6 朵花。花蕾紫红色，花瓣粉色。果实扁圆形，果实底色黄色，果实盖色紫红色。花萼宿存。

火焰

Flame

北美海棠品种。

树姿开张，树干灰色，无裂纹。一年生枝褐色，无绒毛，多年生枝黄绿色。叶片卵圆形，叶片前端锐尖，叶缘锐锯齿，叶片基部圆钝。每个花序 5 朵花。花蕾粉红色，花瓣白色。果实圆形，果实底色黄色，果实盖色红色。花萼宿存。

金蜂

Golden Hornet

北美海棠品种，可作为苹果品种的授粉树。

树姿直立，树干灰色，无裂纹。一年生枝绿色或褐色，有绒毛，多年生枝黄绿色。叶片椭圆形，叶片前端锐尖，叶缘复锯齿，叶片基部圆钝。每个花序 4 ~ 6 朵花。花蕾淡粉色，花瓣白色。果实圆形，果实底色黄色。花萼脱落。

凯尔斯

Kelsey

北美海棠品种。

树姿开张，树干灰褐色，无裂纹。一年生枝褐色，无绒毛。叶片卵圆形，叶片前端锐尖，叶缘钝锯齿，叶片基部圆钝。每个花序5朵花。花蕾紫红色，花大，重瓣，花瓣深粉色，夏季有二次开花现象。果实扁圆形，果实底色黄色，果实盖色红色。花萼宿存。

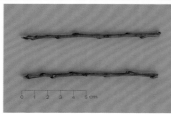

龙丰

Long Feng

黑龙江省农业科学院牡丹江分院选育的抗寒小苹果品种。丰产性极强，在黑龙江省9月中旬成熟，在山东青岛8月上中旬成熟，可作为采摘园品种。

树姿开张，树干灰色，无裂纹。 一年生枝褐色，有绒毛，多年生枝黄绿色。叶片卵圆形，叶片前端锐尖，叶缘钝锯齿，叶片基部圆钝。每个花序5～6朵花。花蕾淡粉色，花瓣白色，背面脉纹紫色。果实扁圆形，果实底色黄色，果实盖色红色。花萼宿存。

罗宾逊

Robinson

北美海棠品种。

树姿斜上伸展，树干灰色，有裂纹。 一年生枝红褐色，有绒毛，多年生枝灰褐色。叶片卵圆形，叶片前端锐尖，叶缘锐锯齿，叶片基部圆钝。每个花序 5 朵花。花蕾紫色，花瓣紫红色。果实圆形，果实底色黄色，果实盖色红色。花萼脱落。

满洲里

Man Zhou Li

北美海棠品种，可作为苹果品种的授粉树。

树姿开张，树干灰色，有裂纹。一年生枝褐色，无绒毛，多年生枝黄绿色。叶片卵圆形，叶片前端锐尖，叶缘锐锯齿，叶片基部圆钝。每个花序 5 ~ 6 朵花。花蕾淡粉色，花瓣白色。果实圆形，果实底色黄色，果实盖色红色。花萼脱落。

日引 10-2

Ri Yin 10-2

日本海棠品种。

树姿开张，树干灰色，无裂纹。一年生枝褐色，有绒毛，多年生枝黄绿色。叶片卵圆形，叶片前端锐尖，叶缘复锯齿，叶片基部圆钝。每个花序 5 ~ 6 朵花。花蕾粉色，花瓣淡粉色。果实倒圆锥形，果实底色黄色，果实盖色红色。花萼宿存。

瑞秋

Rescue

北美海棠品种，果实可食，青岛地区 7 月下旬成熟

树姿开张，树干灰绿色，无裂纹。一年生枝褐色，无绒毛，多年生枝黄绿色。叶片卵圆形，叶片前端锐尖，叶缘复锯齿，叶片基部圆钝。每个花序 5 ~ 6 朵花。花蕾粉色，花瓣淡粉色。果实圆形，果实底色黄色，果实盖色红色。花萼宿存。

赛欧

Selkirk

北美海棠品种。幼果红色，6月以后果实亮红色。

树姿开张，树干灰色，有裂纹。一年生枝褐色，无绒毛，多年生枝褐色。叶片卵圆，叶片前端锐尖，叶缘锐锯齿，叶片基部楔形或圆钝。每个花序 5 ~ 6 朵花。花蕾紫色，花瓣紫红色。果实圆形，果实底色黄色，果实盖色红色。花萼宿存。

莘莘学子

Shenshen Xuezi

北美海棠品种。

树姿下垂，树干灰褐色，无裂纹。一年生枝绿色，无绒毛，多年生枝褐色。叶片卵圆形，叶片前端锐尖，叶缘锐锯齿，叶片基部楔形。每个花序5朵花。花蕾粉红色，花瓣白色。果实圆形，果实底色黄色，果实盖色红色。花萼脱落。

舞美

Maypole

英国选育的柱形、红花、红肉品种。

树姿近直立，树干灰色，有裂纹。一年生枝紫红色，无绒毛，多年生枝灰褐色。叶片卵圆形，叶片前端锐尖，叶缘复锯齿，叶片基部圆钝。每个花序 5 ~ 6 朵花。花蕾紫红色，花瓣紫红色。果实圆形，果实底色黄色，果实盖色紫色。花萼脱落。

小璎珠

Xiao Yingzhu

观赏海棠资源，引自北美。果亮红，掩映在绿叶之中，恰似樱桃。

树姿开张，树干灰褐色，无裂纹。一年生枝红褐色，有绒毛，多年生枝灰褐色。叶片长卵形，叶片前端锐尖，叶缘锐锯齿，叶片基部楔形或圆钝。每个花序 4 ~ 6 朵花。花蕾紫色，花瓣紫红色。果实长圆形，果实底色红色，果实盖色红色。花萼脱落。

绚丽

Radiant

美国明尼苏达大学选育的观赏海棠品种。

树姿开张，树干红褐色，有裂纹。一年生枝红褐色，有绒毛，多年生枝红褐色。叶片卵圆形，叶片前端钝尖，叶缘锐锯齿，叶片基部楔形。每个花序 5 ~ 8 朵花。花蕾紫红色，花瓣紫红色。果实长圆形，果实底色黄色，果实盖色紫红色。萼端突出，花萼宿存。

乙女

Yi Nü

日本选育的小苹果品种。

树姿斜上伸展，树干灰色，有裂纹。一年生枝褐色，有绒毛，多年生枝灰色。叶片卵圆形，叶片前端钝尖，叶缘锐锯齿，叶片基部楔形。每个花序 5 朵花。花蕾粉红色，花瓣白色。果实圆形，果实底色黄色，果实盖色红色。花萼宿存。

银川 1-2
Yin Chuan 1-2

引自银川。适应性强，树势整齐，花果皆美。

树姿半直立，树干灰褐色，无裂纹。一年生枝紫色、有绒毛，多年生枝紫色。叶片卵圆，叶片前端锐尖，叶缘钝锯齿，叶片基部楔形或圆钝。每个花序 5 ~ 7 朵花。花蕾紫色，花瓣紫红色。果实圆形，果实底色黄色，果实盖色紫红色。花萼宿存。

扎矮 76

内蒙古呼伦贝尔农科所于 1976 年在扎兰屯发现的矮生山荆子类型。树型紧凑，叶片深绿，叶缘有皱褶。

树姿开张，树干灰褐色，有裂纹。一年生枝褐色，无绒毛，多年生枝黄绿色。叶片卵圆形，叶片前端锐尖，叶缘复锯齿，叶片基部楔形。每个花序 5 ~ 7 朵花。花蕾白色，花瓣白色。果实圆形，果实底色黄色，果实盖色红色。花萼脱落。

钟女士

Zhong Nüshi

北美海棠品种，适应性强。

树姿开张，树干灰色，无裂纹。一年生枝黄绿色，无绒毛，多年生枝灰绿色。叶片长卵圆，叶片前端渐尖，叶缘锐锯齿，叶片基部楔形。每个花序5~6朵花。花蕾淡粉色，花瓣白色。果实圆形，果实底色黄色，果实盖色紫红色，上色早。花萼脱落。

钻石

Sparkler

北美海棠品种。

树姿开张，树干灰褐色，有裂纹。一年生枝紫红或褐色，无绒毛，多年生枝褐色。叶片窄卵形，叶片前端锐尖，叶缘复锯齿，叶片基部楔形或圆钝。每个花序 4 ~ 6 朵花。花蕾紫色，花瓣紫红色。果实圆形，果实底色黄色，果实盖色红色。花萼宿存。

第三章

青岛市农业科学研究院选育的苹果砧木、海棠品种或品系

大棠博来

Datang Bolai

易分枝类型，芽早熟。芽在生成的当年即可萌发，顶端优势弱。

树姿开张，树干灰褐色，无裂纹。 一年生枝褐色，无绒毛，多年生枝黄绿色。叶片卵圆形，叶片前端锐尖，叶缘复锯齿，叶片基部圆钝。每个花序 5 ~ 7 朵花。花蕾紫红色，花瓣紫色。果实圆形，果实底色橙色，果实盖色橙红色。花萼宿存。

大棠芳玫

Datang Fangmei

观赏海棠品种，草原海棠实生后代。花期晚，花有清香味。

树姿开张，树干灰色，有裂纹。一年生枝褐色、无绒毛，多年生枝灰白色。叶片掌状，叶片前端渐尖，叶缘复锯齿，叶片基部平。每个花序 5 ~ 6 朵花。花蕾深粉红色，花瓣粉红色。果实圆形，果实底色绿色。花萼宿存。

大棠吉祥

Datang Jixiang

观赏海棠品种，为平邑甜茶 × 柱形苹果株系。花白色，果实高桩，红色，挂果时间长，观果价值高。

树姿开张，树干灰色，有裂纹。一年生枝红褐色、无绒毛，多年生枝灰绿色。叶片长卵圆形，叶片前端渐尖，叶缘锐锯齿，叶片基部楔形。每个花序 5 ~ 6 朵花。花蕾淡粉色，花瓣白色。果实椭圆形，果实底色黄绿色，果实盖色红色。花萼脱落。

大棠君安

Datang Junan

　　观赏海棠品种，怀来海棠实生株系。株型紧凑，分枝多，分枝短，树冠丰满，易修剪造型，可以作为绿篱植物。

　　树姿直立，树干灰色，有裂纹。一年生枝褐色，无绒毛，多年生枝灰褐色。叶片卵圆形，叶片前端锐尖，叶缘复锯齿，叶片基部圆钝。每个花序5～6朵花。花蕾淡粉色，花瓣白色。果实圆形，果实底色黄色，果实盖色红色。花萼宿存。

大棠琴红

Datang Qinhong

观赏海棠品种，为红肉海棠实生后代。易成花，果肉红色，肉质脆，可作为育种资源。

树姿开张，树干灰褐色，有裂纹。一年生枝紫红色或褐色，无绒毛，多年生枝褐色。叶片卵圆形，叶片前端锐尖，叶缘锐锯齿，叶片基部楔形或圆钝。每个花序 5 朵花。花蕾紫色，花瓣深粉色。果实圆形，果实底色、果实盖色紫红色。花萼宿存。

大棠婷红

Datang Tinghong

观赏海棠品种，是 M9× 舞美的杂交后代。花朵繁茂，果肉浅红色。

树姿开张，树干灰色，有裂纹。一年生枝红褐色，有绒毛，多年生枝灰褐色，节间短。叶片卵圆形，叶片前端锐尖，叶缘钝锯齿，叶片基部圆钝。每个花序5朵花。花蕾紫色，花瓣紫红色。果实圆形，果实底色黄色，果实盖色紫红色。花萼宿存。

紫御

Zi Yu

观赏海棠品种，为红丽海棠实生后代。

树姿直立，树干灰色，无裂纹。一年生枝紫色，无绒毛，多年生枝灰褐色。叶片卵圆形，叶片前端锐尖，叶缘锐锯齿，叶片基部楔形或圆钝。每个花序 5 ~ 6 朵花。花蕾紫色，花瓣紫红色。果实圆形，果实底色黄色或红色，果实盖色红色。花萼宿存。

大棠婷丽
Datang Tingli

观赏海棠品种，青砧 2 号 × 舞美的杂交后代。幼叶紫红色，果肉紫红色。树姿直立，树干灰色，有裂纹。一年生枝紫红色，无绒毛，多年生枝红褐色。叶片卵圆形，叶片前端锐尖，叶缘锐锯齿，叶片基部圆钝。每个花序 5 朵花。花蕾粉红色，花瓣浅粉色。果实圆形，果实底色黄色，果实盖色紫红色。花萼脱落。

大棠婷美

Datang Tingmei

观赏海棠品种，青砧 1 号 × 舞美的杂交后代。植株柱形，幼叶红色，成叶革质，有光泽；果肉浅红色；有果霜。

树姿直立，树干灰色，有裂纹。一年生枝紫红色，无绒毛，多年生枝灰褐色。叶片长卵圆形，叶片前端锐尖，叶缘锐锯齿，叶片基部楔形或圆钝。每个花序 5 ~ 6 朵花。花蕾紫红色，花瓣粉色。果实圆形，果实底色黄色，果实盖色紫色。花萼脱落。

大叶海棠
Daye Haitang

观赏海棠品系，红禧儿的实生后代。叶片大，花瓣大，花量大。

树姿直立，树干灰色，有裂纹。一年生枝绿色，无绒毛，多年生枝黄褐色。叶片长卵圆形，叶片前端锐尖，叶缘锐锯齿，叶片基部圆钝。每个花序 4 ~ 6 朵花。花蕾浅粉色，花瓣白色。果实圆形，果实底色黄色，果实盖色红色。花萼脱落。

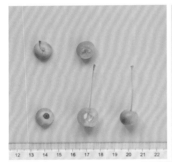

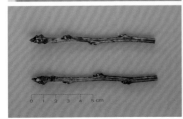

红禧儿

Hong Xier

观赏海棠品种，平邑甜茶辐射诱变的后代。果实颜色鲜艳，挂果期长。

树姿开张，树干褐色，有裂纹。 一年生枝紫红色，无绒毛，多年生枝褐色。叶片卵圆形，叶片前端锐尖，叶缘锐锯齿，叶片基部圆钝。每个花序 5 ~ 6 朵花。花蕾、花瓣白色。果实圆形，果实底色黄色，果实盖色红色。花萼脱落。

青砧 1 号
Qingzhen 1 Hao

无融合生殖砧木品种，平邑甜茶 × 柱形苹果 CO 的杂交后代，种子繁殖整齐一致。

树姿直立，树干灰色，无裂纹。一年生枝褐色，无绒毛，多年生枝灰褐色。叶片长卵圆形，叶片前端锐尖，叶缘锐锯齿，叶片基部楔形或圆钝。每个花序 5 ~ 6 朵花。花蕾淡粉色，花瓣白色。果实圆形，果实底色黄色，果实盖色红色。花萼宿存。

青砧 2 号

Qingzhen 2 Hao

无融合生殖砧木品种，平邑甜茶种子辐射诱变后代，种子繁殖整齐一致。

树姿开张，树干灰色，无裂纹。一年生枝褐色，无绒毛，多年生枝褐色，节间短。叶片长卵圆形，叶片前端锐尖，叶缘锐锯齿，叶片基部圆钝。每个花序 5 朵花。花蕾白色，花瓣白色。果实圆形，果实底色红色，果实盖色红色。花萼脱落。

青砧 8 号

Qingzhen 8 Hao

无融合生殖砧木品种，平邑甜茶种子辐射诱变后代，种子繁殖整齐一致。

树姿开张，树干灰色，有裂纹。一年生枝灰绿色，无绒毛，多年生枝绿或褐色。叶片长卵圆形，叶片前端锐尖，叶缘锐锯齿，叶片基部圆钝。每个花序 5 朵花。花蕾白色，花瓣白色。果实扁圆形，果实底色黄色，果实盖色红色。花萼脱落。

青砧 20 号

Qingzhen 20 Hao

无融合生殖砧木品种，苹果砧木 SH40 的实生后代，种子繁殖整齐一致。

树姿直立，树干灰色，无裂纹。一年生枝红褐色，无绒毛，多年生枝灰绿色，节间短。叶片长卵圆形，叶片前端锐尖，叶缘锐锯齿，叶片基部圆钝。每个花序 4 ~ 6 朵花。花蕾淡粉色，花瓣白色。果实扁圆形，果实底色黄色，果实盖色红色。花萼脱落。

青砧 106 号
Qingzhen 106 Hao

苹果无性系矮化砧木品种，B9×ZA76 的杂交后代。

树姿斜上伸展，树干灰色，无裂纹。一年生枝紫红色，有绒毛，多年生枝灰褐色，节间短。叶片长卵形，叶片前端锐尖，叶缘锐锯齿，叶片基部圆钝。每个花序 5 朵花。花蕾紫红色，花瓣粉色。果实圆形，果实底色黄色，果实盖色紫红色。花萼宿存。

洒金枝

Sa Jin Zhi

观赏海棠品种，沙金海棠实生后代。节间紧凑，花团锦簇。

树姿开张，树干灰色，有裂纹。一年生枝褐色，有绒毛，多年生枝褐色。叶片卵圆形或有裂刻，叶片前端锐尖或钝尖，叶缘复锯齿，叶片基部圆钝形。每个花序5朵花。花蕾淡粉色，花瓣白色。果实圆形，果实底色黄色，果实盖色紫色。花萼脱落。

知冬

Zhi Dong

观赏海棠品种，怀来海棠实生株系，挂果期长，经冬不凋。

树姿开张，树干灰色，有裂纹。一年生枝灰绿或褐色，无绒毛，多年生枝灰绿色。叶片长卵圆形，叶片前端锐尖，叶缘锐锯齿，叶片基部楔形或圆钝。每个花序 5 ~ 6 朵花。花蕾淡粉色，花瓣白色。果实扁圆形，果实底色黄色，果实盖色红色。花萼脱落。

新疆红矮

Xinjiang Hongai

观赏海棠品系，新疆海棠实生株系。枝条顶部易萌发3个或2个对等分枝，树冠层级明显。

树姿近直立，树干灰褐色，无裂纹。一年生枝紫色，有绒毛，多年生枝紫色，节间短。叶片卵圆形，叶片前端锐尖，叶缘复锯齿，叶片基部圆钝。每个花序5～7朵花。花蕾粉红色，花瓣粉色。果实长圆形，果实底色黄色，果实盖色紫色。花萼宿存。

附录 1
青岛市农业科学研究院选育的苹果砧木、海棠品种

一、青岛市农业科学研究院选育的无融合生殖苹果砧木品种

1. 青砧 1 号

品种来源： 1999 年，平邑甜茶 × 柱形苹果株系 CO。

新品种权及登记： 国家农业部植物新品种保护权号：CNA20090606.8；国家农业部非主要农作物品种登记号：GPD 苹果（2018）370001。

审定号： 国家林木良种审定：国 S-SV-MQ-006-2023；山东省林木良种审定：鲁 S-SF-MA-010-2022。

特征特性： 苹果无融合生殖砧木，半矮化。种子繁殖实生苗整齐一致，嫁接富士等品种亲和性好，易分枝；耐盐碱，抗重茬，适应范围广；早果性好，定植后第 2～3 年开始结果，第 4～5 年丰产；干性强，枝干比适宜，成形快；固地性好，可无支架栽培。

产量表现： 嫁接烟富 6，山东平度 4 年生树亩产 3200 kg，陕西铜川 5 年生树亩产 2700 kg；嫁接寒富，陕西铜川 5 年生树亩产 5500 kg。

栽培要点： 嫁接高度 50～60 cm，培育 2 年生带 10～15 个分枝大苗。定植密度 1.5～2.0 m×4 m。高纺锤形整形，及时拉枝，使分枝下垂。第 2、3 年 6 月施行断根等技术措施。

适宜区域：山东、宁夏、新疆等苹果适宜栽培区。

2. 青砧 2 号

品种来源：1996 年，γ 射线诱变平邑甜茶种子的矮生突变。

品种权及登记：国家农业部植物新品种保护权号：CNA20090604.7；国家农业部非主要农作物品种登记号：GPD 苹果（2018）370002。

审定号：国家林木良种审定：国 S-SV-MQ-007-2023；山东省林木良种审定：鲁 S-SF-MH-011-2022。

特征特性：苹果无融合生殖砧木，半矮化。种子繁殖实生苗整齐一致；抗重茬，耐涝，适应酸性土；早果性好，定植后第 2 ～ 3 年开始结果，第 4 ～ 5 年丰产；稳产，大小年现象不明显；干性强，枝干比适宜，成形快；固地性好，可无支架栽培。

产量表现：嫁接烟富 6，陕西铜川 5 年生树亩产 2500 kg；嫁接华硕，四川盐源 3 年生树株产 16 kg。

栽培要点：嫁接高度 40 ～ 50 cm，培育 2 年生带 10 个以上分枝大苗。定植密度 1.5 ～ 1.8 m×4 m。高纺锤形整形，及时拉枝，使分枝下垂。第 2、3 年 6 月施行断根等技术措施。

适宜区域：山东、宁夏、新疆等苹果适宜栽培区。

3. 青砧 3 号

品种来源：1996 年，γ 射线诱变平邑甜茶种子矮生突变体。

新品种权及登记：国家林业和草原局植物新品种保护权号：20170045；国家农业农村部植物新品种保护权号：GPD 苹果（2022）370008。

特征特性：苹果无融合生殖砧木，半矮化。种子繁殖实生苗整齐一致；矮化性好，丰产稳产；干性强，固地性好，可无支架栽培。

产量表现：嫁接嘎啦，青岛崂山 7 年生树亩产 3100 kg。

栽培要点：嫁接高度 30 ～ 50 cm，培育 2 年生带 10 个以上分枝大苗。

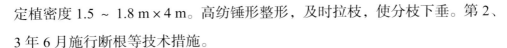

定植密度 1.5 ~ 1.8 m × 4 m。高纺锤形整形，及时拉枝，使分枝下垂。第 2、3 年 6 月施行断根等技术措施。

适宜区域：山东青岛、陕西铜川、云南昭通等苹果适宜栽培区。

4. 青砧 8 号

品种来源：1996 年，γ 射线诱变平邑甜茶种子的矮生突变。

新品种权及登记：国家林业和草原局植物新品种保护权号：20170044；农业农村部非主要农作物品种登记号：GPD 苹果（2022）370009。

特征特性：苹果无融合生殖砧木，半矮化。种子繁殖实生苗整齐一致；抗重茬，耐盐碱；早果性好，定植后第 2 ~ 3 年开始结果，第 4 ~ 5 年丰产；稳产，大小年现象不明显；干性强，枝干比适宜，成形快；固地性好，可无支架栽培。

产量表现：嫁接烟富 6，陕西铜川 5 年生树亩产 3008 kg。

栽培要点：嫁接高度 40 ~ 50 cm，培育 2 年生带 10 个以上分枝大苗。定植密度 1.5 ~ 1.8 m × 4 m。高纺锤形整形，及时拉枝，使分枝下垂。第 2、3 年 6 月施行断根等技术措施。

适宜区域：山东青岛、陕西铜川、新疆阿克苏等苹果适宜栽培区。

5. 青砧 16 号

品种来源：2010 年，小金海棠（XJ3）× M9，代号 '010XJm–S16'。

品种权号：国家林业和草原局植物新品种保护权号：20230431。

特征特性：苹果无融合生殖砧木，半矮化，幼叶红色。母树去柱头坐果率 78.8%，种子繁殖实生苗整齐一致；耐盐碱，在新疆阿克苏表现正常；干生强，枝干比适宜，成形快；固地性好，可无支架栽培。嫁接烟富 3 等长枝富士品种，树冠窄，适宜密植。

栽培要点：嫁接高度 40 ~ 50 cm，培育 2 年生带 10 个以上分枝大苗。定植密度 1.5 ~ 1.8 m × 4 m。高纺锤形整形，及时拉枝，使分枝下垂。第 2、

3 年 6 月施行断根、扭枝等技术措施。

适宜区域：环渤海湾，黄土高原，新疆阿克苏。

6. 青砧 20 号

品种来源：2011 年，'SH40'实生株系，原代号：SH40-2。

特征特性：苹果无融合生殖砧木。种子繁殖苗木整齐一致。实生苗抗涝性强。嫁接富士等品种，具有矮化性、早果性。

栽培要点：栽培密度为行距 3.5 ～ 4 m，株距为 1 ～ 1.5 m，进行纺锤形整形。栽培初期注意促发分枝，拉枝扭枝。适宜嫁接瑞雪、瑞香红、秦脆、爱妃、维纳斯黄金、鲁丽等新优品种，及烟富 3、烟富 6、唐木田等富士品种。

适宜区域：适宜种植于大部分苹果产区。

7. 青砧 39 号

品种来源：2010 年，小金海棠（XJ3）×M9，代号'010XJM-S39'。

品种权号：国家林业和草原局植物新品种保护权号：20210521。

特征特性：苹果无融合生殖砧木，半矮化，幼叶绿色。母树去柱头坐果率78.8%，种子繁殖实生苗整齐一致；耐盐碱，在新疆阿克苏表现正常；干性强，枝干比适宜，成形快；固地性好，可无支架栽培。嫁接烟富 3 等长枝富士品种，树冠窄，适宜密植。

栽培要点：嫁接高度 40 ～ 50 cm，培育 2 年生带 10 个以上分枝大苗。定植密度 1.5 ～ 1.8 m×4 m。高纺锤形整形，及时拉枝，使分枝下垂。第 2、3 年 6 月施行断根、扭枝等技术措施。

适宜区域：环渤海湾，黄土高原，新疆阿克苏。

二、青岛市农业科学研究院选育的无性系砧木品种

1. 青砧 106 号

品种来源：2010 年，'B9'×'扎矮 76'，代号'10BZA2'

品种权号：国家农业农村部植物新品种保护权号：CNA20191004933。

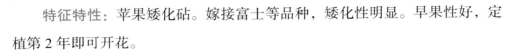

特征特性：苹果矮化砧。嫁接富士等品种，矮化性明显。早果性好，定植第 2 年即可开花。

栽培要点：可通过压条、组培繁育自根砧苗木，或以'青砧 1 号'为基砧繁育中间砧苗木。栽培密度为行距 3.5 ~ 4.0 m，株距为 1.0 ~ 1.5 m，进行纺锤形整形。栽培初期注意促发分枝，及拉枝整形。适宜嫁接长枝富士等品种。

适宜区域：大部分苹果产区。

2. 青砧 107 号

品种来源：1999 年，'M9'×'舞美'，代号'九 ES7'。

品种权号：国家农业农村部植物新品种保护权号：CNA20191004934。

特征特性：苹果半矮化砧。抗枝干轮纹病和苹果棉蚜。树姿直立，树干灰白。

栽培要点：可通过压条、组培繁育自根砧苗木，或以'青砧 1 号'为基砧繁育中间砧苗木。为了提高树体抗病性，可适当增加中间砧长度到 50 ~ 60 cm。适宜宽行密植，建议栽培密度为行距 3.5 ~ 4.0 m，株距 1.5 ~ 2.0 m，纺锤形整形，适宜嫁接富士等品种。

适宜区域：环渤海湾，黄土高原。

3. 青砧 109 号

品种来源：1999 年，'M9'×'舞美'，代号'九 WN6'。

特征特性：苹果半矮化砧。树姿直立，树干紫褐色。

栽培要点：可通过压条、组培繁育自根砧苗木，或以'青砧 1 号'为基砧繁育中间砧苗木。作为中间砧，干性强，可无支架栽培。适宜宽行密植，建议栽培密度为行距 3.5 ~ 4.0 m，株距 1.5 ~ 2.0 m，进行纺锤形整形，适宜嫁接长枝富士等品种，在陕西铜川等地表现丰产。

适宜区域：环渤海湾，黄土高原。

三、青岛市农业科学研究院选育的观赏海棠品种

1. 大棠婷美

品种来源：2004 年，'青砧 1 号' × '舞美'。

品种权号：国家林业和草原局植物新品种保护权号：20170019。

特征特性：观赏海棠品种。树高 3 米左右，树体柱形，亭亭玉立，婀娜多姿；叶片春季亮红，夏季转绿，革质，有光泽；花色粉红，鲜艳，开花时节，通体缀满鲜花；果实紫红，带果粉。该品种花、叶、形特点突出，综合观赏价值高。

栽培要点：育苗以平邑甜茶、怀来海棠等为砧木，嫁接亲和。适宜在公园、绿地、庭院的道路两侧成排种植，树型婀娜多姿，欢迎游客的光临。整形修剪时，注意适当短截，使树型丰满；开张分枝角度使树体通风透光，有利于连年开花。

适宜区域：适于北方及与苹果产区类似生态条件的地区。

2. 大棠芳玫

品种来源：2011 年，'草原海棠'实生株系。

品种权号：国家林业和草原局植物新品种保护权号：20190193。

特征特性：重瓣花观赏海棠品种。花蕾似玫瑰，花开有香气，沁香扑鼻，花期明显晚于常规海棠品种，青岛地区"五一"期间开花，可延长海棠观赏期。绿叶有裂刻，高抗苹果锈病等叶部病害，深秋叶变红。秋季绿色果实，点缀红叶之间，别有一番风味。树形半开张，树干灰白。

栽培要点：育苗以平邑甜茶、怀来海棠等为砧木，嫁接亲和。在公园、绿地宽行种植，或成片种植。采用自然圆头形。可与桧柏相邻栽培。

适宜区域：北方及与苹果产区环境类似生态条件的区域。

3. 大棠婷靓

品种来源：2006 年，'红丽'实生株系。

品种权号：国家林业和草原局植物新品种保护权号：20190196。

特征特性：观赏海棠品种。树型挺拔，临风玉立，风姿绰约。幼叶红色光亮，有蜡质感，是其主要观赏点；展开叶片颜色为红绿色，叶面有光泽；成年叶片叶面颜色呈绿色，花青苷着色程度强，叶片长短和宽度适中。花苞颜色呈紫色，花瓣正面边缘及中心呈紫红色，花瓣背面颜色为紫红色。果实小，球形，果梗长，果实主色为红色，果肉颜色为红色。

栽培要点：育苗以平邑甜茶、怀来海棠等为砧木，嫁接亲和。在公园、绿地宽行种植，可以密植成行。在苗圃整形时，可以通过短截等方式促发分枝，使树冠尽快成形。

适宜区域：北方与苹果产区环境类似生态条件的区域。

4. 白富美

品种来源：2010 年，'青砧 8 号'实生株系。

品种权号：国家林业和草原局植物新品种保护权号：20190195。

特征特性：观赏海棠品种。树型直立，挺拔。枝条灰绿，节间短；花朵白色，单瓣花，花瓣阔椭圆形，花瓣重叠排列，密集成串簇生于枝头，雍容华贵，仪态万方；展开叶片颜色为绿色，叶片大小适中，叶面光泽较强，叶面绿色浅，叶片花青苷着色弱；果实小，果实形状为球形，部分宿萼，果梗较长，果皮无着粉，果实光泽度弱，果实主色为深红。

栽培要点：育苗以平邑甜茶、怀来海棠等为砧木，嫁接亲和。适宜作为行道树种植在街道两侧，或孤植、丛植、行植于公园绿地。

适宜区域：北方及与苹果产区环境类似生态条件的区域。

5. 红禧儿

品种来源：1996 年，平邑甜茶种子辐射诱变的大果突变体株系。

品种权号：国家林业和草原局植物新品种保护权号：20190230。

特征特性：观赏海棠品种。树姿开张，树体高大，花果量大。花蕾与花均为白色。幼叶和展开叶均为绿色。果实中，扁圆形，果实初期绿色，后期转为亮红色，落叶后果实可以挂树一个月以上。果肉黄色或橙色。在青岛地区 4 月中下旬开花，11 月中下旬落叶，12 月下旬果实开始变色脱落。适应性强，综合观赏价值高。

栽培要点：育苗以平邑甜茶、怀来海棠等为砧木，嫁接亲和。适宜作为行道树种植在街道两侧，或孤植、丛植、行植于公园绿地。

适宜区域：北方及与苹果产区环境类似生态条件的区域。

6. 大棠琴红

品种来源：2013 年，新疆生产建设兵团六十四团野生海棠实生苗中选育，代号 64-13-7，曾用名"红脆甜"。

品种权号：国家林业和草原局植物新品种保护权号：20220151。

特征特性：鲜食海棠品种。树型直立，枝条棕红。花苞颜色为玫红色，花型为单瓣，花瓣形状为椭圆形，花瓣排列方式为分离，花脉不突出，展开花颜色为玫红色。展开叶片颜色为绿色，叶片大小适中，无叶耳，叶缘缺刻为圆锯齿状，叶面光泽适中，叶面绿色深，叶片有花青苷着色。果实大，果实形状为球形，有宿萼，果梗长，果皮无着粉，果实光泽度弱，果实主色为深红色，果肉红色，肉质脆，口感酸甜，多汁。

栽培要点：与常用苹果砧木(如平邑甜茶、怀来海棠、山定子等)嫁接亲和，嫁接成活率高。树形直立，适宜作为行道树种植在公路两旁，春季可赏花，秋季可尝果、赏果。栽培宜采用自然树形，可孤植、丛植、行植。农业生产建议栽培密度为行距 3.5 ～ 4.0 m，株距 1.5 ～ 2.0 m。定植当年定干高度 1 m，在主干上促发 5 ～ 7 个分枝。第 2 年春季，对分枝进行短截，每个分枝留 1 ～ 2 个枝延伸，使丰满树冠尽快成形。适应性强，可以在园林绿化及缺乏灌溉条件的山地或贫瘠土地栽植。

适宜区域：适于北方及与苹果产区类似生态条件的地区。

7. 大棠吉祥

品种来源： 2003 年，平邑甜茶 ×'舞美'。

品种权号： 国家林业和草原局植物新品种保护权号：20210755。

特征特性： 观赏海棠品种。树形开张，枝条灰绿色。花苞浅粉色，单瓣花，浅杯形，展开花白色，花瓣椭圆形，相连排列，脉不突出。展开叶绿色，脱落前黄色，无花青苷着色，叶面光泽度中，叶片窄，长短适中，边缘圆锯齿状。果实大，椭圆形，着果量很多，宿存萼有时有，果梗长度中，果皮着粉弱，光泽度弱，果实红色，果肉黄色，挂果期长。在青岛地区到 12 月中旬果实一直能保持靓丽的红色，具有很高的观赏价值。

栽培要点： 与常用苹果砧木(如平邑甜茶、怀来海棠、山定子等)嫁接亲和，嫁接成活率高。适宜作为园林绿化树木，秋冬季果实亮红色，且不易落果，果实挂在枝头，非常具有观赏价值。可以在公园、绿地、街道、高速公路等绿化区内，宽行种植。采用自然圆头形，定植当年定干高度 60 ~ 80 cm，在主干延长枝上每隔 10 ~ 15 cm，刻芽促发新枝，使树冠丰满；冬季修剪时，主干延长枝及侧枝进行短截，促发新枝，利于树冠尽快成形。适应性强，可以在园林绿化及缺乏灌溉条件的山地或贫瘠土地栽植。

适宜区域：适于北方及与苹果产区类似生态条件的地区。

8. 锦绣红

品种来源： 2004 年，'青砧 1 号'×'舞美'。

品种权号： 国家林业和草原局植物新品种保护权号：20190194。

特征特性： 观赏海棠品种。树型开张，树势中等；枝条颜色呈棕红色；伞房花序，单瓣花，花瓣为阔椭圆形，花瓣分离，花量大，展开花色为红紫色，如锦似绣；叶片大小适中，成熟叶片叶脉为红色，叶缘缺刻为圆锯齿状，

叶片花青苷着色程度强；着果量大，果实小，呈梨形，果梗长，果实红色。

栽培要点：育苗以平邑甜茶、怀来海棠等为砧木，嫁接亲和。可宽行种植或成片在园林绿地种植，形成锦绣铺地的壮观地被景观。

适宜区域：苹果产区及与苹果产区生态环境类似生态条件的区域。

9. 大棠婷红

品种来源：1999 年，'M9'×'舞美'。

品种权号：国家农业农村部植物新品种保护权号：CNA20183499.8。

特征特性：观赏海棠品种。株型紧凑，枝干棕红色。花色艳丽，花瓣椭圆形，展开呈玫红色。幼叶紫色，展开为绿色。果实有光泽，亮红色，果肉为红色。

栽培要点：育苗以平邑甜茶、怀来海棠等为砧木，嫁接亲和。可在公园、绿地、街道、高速公路等绿化区内种植，也可盆栽。

适宜区域：苹果产区及与苹果产区生态环境类似生态条件的区域。

10. 大棠博来

品种来源：2010 年，海棠"Bly114"自然突变株系。

品种权号：国家林业和草原局植物新品种保护权号：20210256。

特征特性：苹果砧木育种资源。分枝性能强。腋芽具有早熟性，当年易萌发成枝。节间短、顶端优势弱，树形开张。

栽培要点：育苗以平邑甜茶、怀来海棠等为砧木，嫁接亲和。可作为中间砧、自根砧嫁接富士等苹果品种。

适宜区域：苹果产区及与苹果产区生态环境类似生态条件的区域。

11. 大棠婷丽

品种来源：2002 年，'青砧 2 号'×'舞美'。

品种权号：国家林业和草原局植物新品种保护权号：20230432。

特征特性：观赏海棠品种。树型直立，枝条棕红色。花蕾颜色为深粉色，花瓣圆形，压平后直径大，花型浅杯状，单瓣花，花瓣排列方式重叠，脉突出。

开展叶片颜色红绿,长宽比中,叶柄长度中,无叶耳,圆锯齿状,叶面光泽度中,花青苷着色程度弱,叶片脱落前主色黄。树体着果量多,果实小,球形,无花萼,果梗长度中等,果皮着粉弱,光泽度弱,果实主色紫红,果肉红,挂果期中,始花期中等。

栽培要点:与常用苹果砧木(如平邑甜茶、怀来海棠、山定子等)嫁接亲和,嫁接成活率高。主要嫁接方式为春季枝接、夏季芽接、秋季芽接等。树型直立,花量多,花色靓丽,是良好的观赏品种。

适宜区域:适于北方及与苹果产区类似生态条件的地区。

12. 大棠崂丰

品种来源:2012 年,崂山奈子 实生株系。

品种权号:国家林业和草原局植物新品种保护权号:20220539。

特征特性:观赏海棠品种。树形直立,枝条颜色呈棕色。花苞颜色呈白色,单瓣花,花苞压平后直径约为 5 cm,花序分离,花型较平,花瓣性状呈椭圆形,花瓣相连,花脉不突出,花瓣正面边缘及中心呈白色,花瓣背面颜色为白色。叶片绿色,无花青苷,叶柄长度适中,无叶耳,叶缘缺刻呈锯齿状,叶面光泽适中,叶片长短和宽度适中。果实中,长圆形,果梗中,果实底色为黄色,果实盖色红色。

栽培要点:与常用苹果砧木(如平邑甜茶、怀来海棠、山定子等)嫁接亲和,嫁接成活率高。树形直立,管理简单,可用作行道树和果园授粉树。适应性强。

适宜区域:苹果产区及与苹果产区生态环境类似生态条件的区域。

13. 紫御

品种来源:2005 年,'红丽'实生株系。

品种权号:国家林业和草原局植物新品种保护权号:20220540。

特征特性:观赏海棠品种。树型直立,枝条颜色呈棕色,花苞颜色呈粉红色,单瓣花,花苞压平后直径约为 4.5 cm,花型较平,花瓣性状呈椭圆形,花瓣相连，花脉不突出，花瓣正面边缘及中心呈粉红色，花瓣背面颜色为粉红色。幼叶红色，展开叶片颜色为红绿色，叶柄长度适中，无叶耳，叶缘缺刻呈锯齿状，叶面有光泽，成年叶片叶面颜色呈绿色，花青苷着色程度强，叶片长短和宽度适中。果实小，球形，果梗长，果实主色为红色，果实被毛，果肉颜色为红色。花果均有观赏价值，观赏周期长。

栽培要点： 与常用苹果砧木（如平邑甜茶、怀来海棠、山定子等）嫁接亲和，嫁接成活率高。树形直立，可以密植成行，春天鲜花满树，叶色靓丽，夏季绿树成荫，秋天树枝挂满红果，具有极高的观赏价值。适应性强，适合大部分园林绿化需要。

适宜区域： 苹果产区及与苹果产区生态环境类似生态条件的区域。

14. 大棠吉庆

品种来源： 2013 年，平邑甜茶 × '舞美'。

品种权号： 国家林业和草原局植物新品种保护权号：20230302。

特征特性： 观赏海棠品种。树型呈直立，枝条棕红，伞房花序，花苞颜色为玫红色，花型为单瓣，花瓣形状为长椭圆形，花瓣排列方式为重叠，花脉不突出，展开花颜色为玫红色，展开叶片颜色为棕红色，叶片大小适中，无叶耳，叶缘缺刻为锯齿状，叶面光泽较强，叶面绿色深，叶片有花青苷，果实大小适中，果实性状为球形，果梗较短，果皮无着粉，果实光泽度弱，果实主色为红色，底色为黄。

栽培要点： 与常用苹果砧木（如平邑甜茶、怀来海棠、山定子等）嫁接亲和，嫁接成活率高，适宜大批量嫁接繁殖。适宜作为行道树种植在公路两旁，春季可以赏玫红色的花，秋季可赏果。花量大，密集着生于枝头，蔚为壮观。适应性强，可以在园林绿化及缺乏灌溉条件的山地或贫瘠土地作为绿化品种。

适宜区域： 苹果产区及与苹果产区生态环境类似生态条件的区域。

15. 红韵

品种来源：2011 年，'青砧 1 号'实生株系。

品种权号：国家林业和草原局植物新品种保护权号：20230451。

特征特性：观赏海棠品种。树形柱形，树势中庸、直立，一年生枝条粗、节间短，花蕾玫红色，花直径大，花瓣卵形、相连接，花脉突出，叶片大、长宽比中，叶缘锯齿状，叶柄长度中，幼叶颜色为红色，成熟叶片绿色，叶片平展，果实小，扁圆形，无果棱，果萼部分宿存，果梗细、极长，梗洼浅、窄，果面无果粉无蜡质，果实红色，着色深，片红，果实质地硬脆，果肉淡黄色。

栽培要点：与常用苹果砧木（如平邑甜茶、怀来海棠、山定子等）嫁接亲和，嫁接成活率高，适宜大批量嫁接繁殖。树型直立，适宜作为行道树种植在公路两旁，春季白花红叶，秋季硕果累累，极具观赏性。栽培宜采用自然树形，可孤植、丛植、行植。定植当年定干高度 1 m，在主干上促发 5 ~ 7 个分枝。第 2 年春季，对分枝进行短截，每个分枝留 1 ~ 2 个枝延伸，使丰满树冠尽快成形。适应性强，可以在园林绿化及缺乏灌溉条件的山地或贫瘠土地栽植。

适宜区域：适于北方及与苹果产区类似生态条件的地区。

16. 紫伊

品种来源：2012 年，新疆生产建设兵团六十四团野生海棠资源实生株系。

品种权号：国家林业和草原局植物新品种保护权号：20230450。

特征特性：观赏海棠品种。树型呈直立向上型，枝条棕红色，伞状花序，花苞颜色为玫红色，单瓣花，卵形花瓣，花瓣排列方式为相连，花脉突出，展开花颜色为玫红色，展开叶片颜色为绿色，叶片大小适中，无叶耳，叶缘缺刻为锯齿状，叶面光泽适中，叶面绿色中，叶片无花青苷着色，果实大，果实形状为球形，总有宿萼，果梗长度中，果皮着粉强，果实光泽度弱，果实主色为紫色，果肉紫色。

栽培要点：与常用苹果砧木（如平邑甜茶、怀来海棠、山定子等）嫁接亲和，嫁接成活率高。树型直立，适宜作为行道树种植在公路两旁，春季可以赏玫红色的花，秋季可赏紫色的果实。栽培宜采用自然树型，可孤植、丛植、行植。定植当年定干高度 1 m，在主干上促发 5 ~ 7 个分枝。第 2 年春季，对分枝进行短截，每个分枝留 1 ~ 2 个枝延伸，使丰满树冠尽快成形。适应性强，可以在园林绿化及缺乏灌溉条件的山地或贫瘠土地栽植。

适宜区域：适于北方及与苹果产区类似生态条件的地区。

17. 大棠君安

品种来源：2005 年，怀来海棠实生株系。

品种权号：国家林业和草原局植物新品种保护权号：20230346。

特征特性：观赏海棠品种。树形呈直立，枝条棕红，伞房花序，花苞颜色为淡粉色，花型为单瓣，花瓣形状为椭圆形，花瓣排列方式为分离，花脉不突出，展开花颜色为白色，展开叶片颜色为绿色，叶片大小适中，无叶耳，叶缘缺刻为复锯齿状，叶面光泽适中，叶面绿色，果实中小，果实形状为球形，有宿萼，果梗长，果皮无着粉，果实光泽亮，果实主色为红色，果肉淡黄色，肉质脆，口感酸涩。

栽培要点：与常用苹果砧木（如平邑甜茶、怀来海棠、山定子等）嫁接亲和，嫁接成活率高。适宜采用自然树型作为行道树种植在公路两旁；也可丛植或与其他树种搭配和庭院种植，修剪成球形或者其他形状、孤植、丛植。可在定植当年定干高度 1 m，在主干上促发 5 ~ 7 个分枝。第 2 年春季，对分枝进行短截，每个分枝留 1 ~ 2 个枝延伸，使丰满树冠尽快成形，以后再因不同的需求进行相应的修剪。由于适应性强，可以在缺乏灌溉条件的山地或贫瘠土地栽植。

适宜区域：适于北方及与苹果产区类似生态条件的地区。

18. 洒金枝

品种来源：2005 年，沙金海棠实生株系。

品种权号：国家林业和草原局植物新品种保护权号：20230429。

特征特性：观赏海棠品种。树型开张，节间短，枝条棕红色。花蕾颜色为淡粉，开放后白色，花瓣圆形，压平后直径小，花型浅杯，单瓣花，花瓣排列方式分离，脉突出。开展叶片颜色绿，长宽比中，叶柄长度中，无叶耳，圆锯齿状，叶面光泽度中，无花青苷着色，叶片脱落前主色黄。树体着果量多，果实极小，球形，无花萼，果梗长度中等，果皮着粉弱，光泽度弱，果实主色浅红，果肉色黄，挂果期很短，始花期中等。

栽培要点：与常用苹果砧木（如平邑甜茶、怀来海棠、山定子等）嫁接亲和，嫁接成活率高。主要嫁接方式为春季枝接、夏季芽接、秋季芽接等。树型开张，花量极多且紧凑，是良好的观赏品种。

适宜区域：适于北方及与苹果产区类似生态条件的地区。

附录 2

The International Apple Rootstock Checklist 2019

Abbreviations

CFIA   Canadian Food Inspection Agency（http：//inspection.gc.ca/english/plaveg/pbrpov/cropreport/gsme.shtml）

CNPVP   Office for the Protection of New Varieties of Plants, Ministry of Agriculture and Rural Affairs of the People's Republic of China; State Forestry and Grassland Administration of the People's Republic of China（http：//www.zys.moa.gov.cn/, http：//www.cnpvp.gov.cn/）

CPVO   Community Plant Variety Office（European Union）（https：//cpvoextranet.cpvo.europa.eu/mypvr/#!/en/publicsearch）

O   Originator

PBR   Plant Breeders' Right

NLI   Varieties admitted to the Polish National List（http：//www.coboru.pl/English/Rejestr_eng/odm_w_rej_eng.aspx?kodgatunku=JADP）

S   Source

Syn.   Synonym

USPP   United States Plant Patent（http：//patft.uspto.gov/netacgi/nph-Parser?Sect1=PTO2&Sect2=HITOFF&p=1&u=%2Fnetahtml%2FPTO%2Fsearch-bool.html&r=0&f=S&l=50&TERM1=apple+rootstock&FIELD1=&co1=AND&TERM2=&FIELD2=&d=PTXT）

The Chevvcklist

'A2'

NLI：Instytut Ogrodnictwa（1991），S 177

'Anton ó wka S'

NLI：Instytut Ogrodnictwa（1991），S 226

'AR10–3–2'

S：East Malling Station. Annual Report of East Malling Research Station. p. 39（1981）

'AR86–1–20'

S：East Malling Station. Annual Report of East Malling Research Station. p. 39（1981）

'AR86–1–25'

S：East Malling Station. Annual Report of East Malling Research Station. p. 39（1981）

'Budagovsky Paradise Apple'

S：East Malling Station. A list of cold−tolerant dwarf regions and varieties of apple rootstock cultivated by National Michurin Agricultural University. p.7（2007）

Syn.of 'B.9'；'Budagovsky 9'；'Bud 9'

'B 70–20–20'

O：B.V. Ivanovich

USPP：Michurinsk State Agrarian University（2015），PP25500

'B.9'

Syn. of 'Budagovsky paradise apple'

'Cepiland Variety'（Adopted name）

O：M. Alain, G. Elisa

USPP：Centre Technique Interprofessionnel des Fruits et Legumes（1991），PP7715

'Chistock #1'（Original translation，should be transcribed as 'Zhongzhen 1 Hao'）

Epithet in original Chinese：'中砧1号'，

O：Z. Han, X. Xu, Y. Wang, X. Zhang, Y. Sun, J. Shen

PBR：Granted by CNPVP（2018），No. CNA20151444.1

S：Z. Han, Y. Wang, X. Zhang, X. Xu, Y. Sun, J. Shen. Apple rootstock new variety Chistock #1. Journal of Agricultural Biotechnology. 21（7）：879–882（2013）

'CX3'

S：H. Liu, Q. Ren, F. Pu,

L. Liu. Preliminary report on the breeding of apple dwarf rootstock CX series 3\4\5\10. Northern Fruits.（01）12−14（1989）

'G11'

　O：H. Aldwinckle

　PBR：Granted by CPVO（2003），No.20406

　Syn. of 'Geneva 11'

'G.41'

　O：C. James, A. Herbert, R. Terence, F. Gennaro

　USPP：Cornell Research Foundation, Inc.（2006），PP17139

　PBR：Granted by CPVO（2009），No. 38869

'G.202'

　PBR：Granted by CPVO（2007），No. 35892

'G.210'

　O：C. James, A.H. Sanders, R.T. Lee, F. Gennaro

　USPP：Cornell University（2013），PP23337

'G.213'

　O：F. Gennaro, A. Herb, C. James, R. Terence

　USPP：Cornell University（2017），PP28581 P3

'G.214'

　O：F. Gennaro, C. James, A.H. Sanders, R.T. Lee

　USPP：Cornell University（2013），PP23516

'G.222'

　O：C. James, A.H. Sanders, R.T. Lee, F. Gennaro

　USPP：Cornell University（2014），PP24834

'G.814'

　O：F. Gennaro, R.T. Lee, A.H. Sanders, C. James

　USPP：Cornell University（2017），PP27643

'G.890'

　O：C. James, A.H. Sanders, R.T. Lee, F. Gennaro

　USPP：Cornell University（2013），PP23327

'G.935'

　O：C. James, A. Herbert, R. Terence, F. Gennaro

　USPP：Cornell Research Foundation, Inc.（2006），PP17063 P3

　PBR：Granted by CPVO（2010），No. 41597

'G.969'

　O：C. James, A.H. Sanders, R.T. Lee, F. Gennaro

USPP：Cornell University（2013），PP24073

'Geneva 11'

O：J.N. Cummins, H.S. Aldwinckle

USPP：Cornell Research Foundation, Inc.（1999），PP11070

Syn. of 'G11'

'Geneva 16'

O：J.N. Cummins, H.S. Aldwinckle

USPP：Cornell Research Foundation, Inc.（2002），PP12443

'Geneva 65'

O：J.N. Cummins, H.S. Aldwinckle

USPP：Cornell Research Foundation, Inc.（1994），PP8543

'GM 256'

S：F. Lin. Study on economic traits of apple dwarf rootstock GM256. Northern Horticulture. 2: 5−8（1993）

'GM 310'

S：B. Zhang, Y. Li, H. Song, C. Zhao. Breeding of new apple dwarf rootstock GM310 with cold resistance. China Fruits（6）: 4−5（2011）

'JM1'

O：Y. Yoshida, S. Tsuchiya, J. Soejima

PBR：Granted by CPVO（2000），No. 16279

'JM7'

O：Y. Yoshio, T. Shichiro, S. Junichi, S. Shosuke, H.Tadayuki, S. Tetsuro, K. Yoshiki, M.Tetsuo, B. Hideo, K. Sadao, I. Yuji

USPP：National Institute of Fruit Tree Science, Ministry of Agriculture（2000），PP11519

'KM'

S：G. Li, Y. Ling, M. Song, S. Wang, Y. Song. Breeding of apple dwarf rootstock KM. China Fruits.（4）: 1−3（2004）

'Lancep variety'（Adopted name）

O：M. Alain, G. Elisa

USPP：Centre d'Experimentation de Pepinieres & Centre Technique Interprofessionnel des Fruits et Legumes（1991），PP7714

'Liaozhen 2 Hao'

Epithet in original Chinese：'辽砧2号'

S：Z. Liu, X. Li, K. Yi, Z. Rong, F. Yang, W. Yang. Breeding of apple dwarf rootstock 'Liaozhen

2'. Journal of Fruit Science. 21（5）: 50l−502（2004）

'M. 1'

S：East Malling Station. Annual Report of East Malling Research Station. p. 98（1942）

'M. 106'

S：East Malling Station. Annual Report of East Malling Research Station. P. 134（1960）

'M. 11'

S：East Malling Station. Annual Report of East Malling Research Station, p. 98（1942）

'M. 111'

S：East Malling Station. Annual Report of East Malling Research Station. P. 134（1960）

'M. 116'

O：A. Frank

USPP：Horticulture Research International（2008）, PP18618

PBR：Granted by CPVO（2005）, No. 30555

'M. 12'

S：East Malling Station. Annual Report of East Malling Research Station. p.18（1943）

'M. 121'

S：East Malling Station. Annual Report of East Malling Research Station. p. 126（1961）

'M. 122'

S：East Malling Station. Annual Report of East Malling Research Station.p. 126（1961）

'M. 124'

S：East Malling Station. Annual Report of East Malling Research Station. p. 126（1961）

'M. 125'

S：East Malling Station. Annual Report of East Malling Research Station. p. 126（1961）

'M. 126'

S：East Malling Station. Annual Report of East Malling Research Station. p. 126（1961）

'M. 127'

S：East Malling Station. Annual Report of East Malling Research Station. p. 126（1961）

'M. 128'

S：East Malling Station. Annual Report of East Malling Research Station. p. 126（1961）

'M. 129'

S：East Malling Station. Annual Report of East Malling Research Station. p. 126（1961）

'M. 130'

S：East Malling Station. Annual
Report of East Malling Research
Station. p. 126 （1961）

'M. 131'

S：East Malling Station. Annual
Report of East Malling Research
Station. p. 126 （1961）

'M. 132'

S：East Malling Station. Annual
Report of East Malling Research
Station. p. 126 （1961）

'M. 137'

S：East Malling Station. Annual
Report of East Malling Research
Station. p. 126 （1961）

'M. 138'

S：East Malling Station. Annual
Report of East Malling Research
Station. p. 126 （1961）

'M.139'

S：East Malling Station. Annual
Report of East Malling Research
Station. p. 126 （1961）

'M. 14'

S：East Malling Station. Annual
Report of East Malling Research
Station. p. 98 （1942）

'M. 141'

S：East Malling Station. Annual
Report of East Malling Research

Station. p. 126 （1961）

'M. 145'

S：East Malling Station. Annual
Report of East Malling Research
Station. p. 126 （1961）

'M. 146'

S：East Malling Station. Annual
Report of East Malling Research
Station. p. 126 （1961）

'M. 147'

S：East Malling Station. Annual
Report of East Malling Research
Station. p. 126 （1961）

'M. 148'

S：East Malling Station. Annual
Report of East Malling Research
Station. p. 126 （1961）

'M. 149'

S：East Malling Station. Annual
Report of East Malling Research
Station. p. 126 （1961）

'M. 150'

S：East Malling Station. Annual
Report of East Malling Research
Station. p. 126 （1961）

'M. 151'

S：East Malling Station. Annual
Report of East Malling Research
Station. p. 126 （1961）

'M. 152'

S：East Malling Station. Annual

Report of East Malling Research Station. p. 126（1961）

'M. 16'

　S：East Malling Station. Annual Report of East Malling Research Station. p. 98（1942）

'M. 17'

　S：East Malling Station. Annual Report of East Malling Research Station. p. 98（1942）

'M. 2'

　S：East Malling Station. Annual Report of East Malling Research Station. p. 98（1942）

'M. 25'

　S：East Malling Station. Annual Report of East Malling Research Station. p. 134（1960）

'M. 26'

　S：East Malling Station. Annual Report of East Malling Research Station. p. 6（1963）

　NLI：Instytut Ogrodnictwa（1991），S 175

'M. 27'

　S：East Malling Station. Annual Report of East Malling Research Station，3431 p. 143（1970）

'M. 4'

　S：East Malling Station. Annual

Report of East Malling Research Station. Holstein Doucin. p. 99（1944）

'M. 7'

　NLI：Instytut Ogrodnictwa（1991），S 174

'M. 8'

　S：East Malling Station. Annual Report of East Malling Research Station. p. 96（1966）

'M. 9'

　S：East Malling Station. Annual Report of East Malling Research Station. p. 98（1942）

　NLI：Instytut Ogrodnictwa（1991），S 171

'M. 9 EMLA'

　NLI：Instytut Ogrodnictwa（1997），S 275

'M9–RN8'

　O：N. Rene

　USPP：Renee Nicolai N.V. Fruitboomwekerij（BE）（1999），PP10745

'M9–RN29'

　O：N. Rene

　USPP：Renee Nicolai N.V. Fruitboomwekerij（BE）（1998），PP10714

'M.9T337'

　NLI：Instytut Ogrodnictwa

（1997），S 278

'Mich 96'

O：B. V. Ivanovich, Zavrazhnov, l. A. Ivanovich Budagovsky； Valentin Ivanovich （Michurinsk, RU）, Zavrazhnov, legal representative； Anatoly Ivanovich （Tambov region, Michurinsk, RU）

USPP：B. V. Ivanovich, Zavrazhnov, l. A. Ivanovich（2010）, PP21223

'MM. 101'

S：East Malling Station. Annual Report of East Malling Research Station. P. 66（1962）

'MM. 104'

S：East Malling Station. Annual Report of East Malling Research Station. P. 66（1962）

'MM. 106'

S：East Malling Station. Annual Report of East Malling Research Station. P. 132（1962）

NLI：Instytut Ogrodnictwa （1991）, S 176

'MM. 107'

S：East Malling Station. Annual Report of East Malling Research Station. P. 66（1962）

'MM. 108'

S：East Malling Station. Annual Report of East Malling Research Station.p. 66（1962）

'MM. 109'

S：East Malling Station. Annual Report of East Malling Research Station. p. 66（1962）

'MM. 115'

S：East Malling Station. Annual Report of East Malling Research Station. p. 66（1962）

'MM. 411'

S：East Malling Station. Annual Report of East Malling Research Station. p. 66（1962）

'P 14'

NLI：Instytut Ogrodnictwa （1991）, S 168

'P 16'

NLI：Instytut Ogrodnictwa （1991）, S 167

'P 22'

NLI：Instytut Ogrodnictwa （1991）, S 166

'P 59'

NLI：Instytut Ogrodnictwa （1997）, S 272

'P 60'

NLI：Instytut Ogrodnictwa

（1991），S 165

'P 66'

NLI：Instytut Ogrodnictwa（2000），S 378

PBR：Granted by Poland National PBR（2000），No. S63

'P 67'

NLI：Instytut Ogrodnictwa（2000），S 379

'Pb–4'

NLI：Instytut Ogrodnictwa（2000），S 374

'POZ1'

NLI：Uniwersytet Przyrodniczy w Poznaniu（2015），S 613

'POZ13'

NLI：Uniwersytet Przyrodniczy w Poznaniu（2015），S 615

'POZ6'

NLI：Uniwersytet Przyrodniczy w Poznaniu（2015），S 614

'Pi 80'

O：Sächsisches Landesamt für Umwelt，Landwirtschaft und Geologie

PBR：Grantted by CPVO（1995），No. 1292

'Pi 80 Select'

O：F. Manfred

USPP：F. Manfred（2000），PP11719

'Qing Ai 1 Hao'

Epithet in original Chinese：'青矮 1 号'

S：L. Jiang，F. Yu，C. Zhang，Y. Shao. A new apple dwarfing rootstock cultivar 'Qing Ai 1'. Acta Horticulturae Sinica. 39（1）：191−192（2012）

'Qing Ai 2 Hao'

Epithet in original Chinese：'青矮 2 号'

S：L. Jiang，Y. Shao，C. Zhang，T. Yin，F. Yu，Z. Wang，B. Wang. A new apple semi−dwarfing rootstock cultivar 'Qing Ai 2'. Acta Horticulturae Sinica. 40（1）：183−185（2013）

'Qing Ai 3 Hao'

Epithet in original Chinese：'青矮 3 号'

S：L. Jiang，C. Zhang，Y. Shao，F. Yu. A new apple semi−dwarfing rootstock cultivar 'Qing Ai 3'. Acta Horticulturae Sinica 39（6）1201−1202（2012）

'Qingzhen 1 Hao'

Epithet in original Chinese：'青砧 1 号'

O：G. Sha，Y. Hao，X. Gong，Y. Huang，Y. Shao

PBR：Granted by CNPVP

（2014），No. CNA20090603.8

S：G. Sha, Y. Hao, X. Gong, Y. Huang，Y. Shao. Apple apomictic rootstock 'Qingzhen 1'. Acta HorticulturaeSinica 40（7）：1407−1408 （2013）

'Qingzhen 2 Hao'

Epithet in original Chinese：'青砧 2 号'

O：G. Sha

PBR：Granted by CNPVP （2014），No. CNA20090604.7

'Qingzhen 3 Hao'

Epithet in original Chinese：'青砧 3 号'

O：G. Sha, Y. Hao, S. Wan, H. Shu, H. Huang, R. Ma, A. Zhao, H. Ge，Z. Wang

PBR：Granted by CNPVP （2017），No. 20170045

'Qingzhen 8 Hao'

Epithet in original Chinese：'青砧 8 号'

O：G. Sha, Y. Hao, S. Wan, H. Shu, A. Zhao, H. Huang, R. Ma, H. Ge，Z. Wang

PBR：Granted by CNPVP （2017），No. 20170044

'RN 29'

NLI：Instytut Ogrodnictwa （1997），S 280

'S19'

S：J. Yu, Y. Zhang, X. Dong, X. Yu，H. Wang. Study on the utilization of apple dwarfing rootstock S19. Shanxi Fruits.（02）：2−5（1990）

'S20'

S：J. Yu, P. Wang, Y. Zhang, X. Dong. The "S20" an apple rootstock selection of Malus honanensis. Shanxi Fruits.（01）：2−8（1982）

'S63'

S：J. Yu, P. Wang, Y. Zhang, X. Dong. "S63" an apple rootstock selection of Malus honanensis. China Fruits.（04）：1−5, 9（1982）

'SH1'

S：T. Yang, J. Tian, J. Gao, D. Li, Z. Niu, J. Shao, Q. Wang, X. Gao, H. Cai, K. Shao, Z. Zhang. Breeding of a new apple dwarfing rootstock SH1. Journal of Fruit Science. 29（2）：308−309（2012）

'SH12'

S：K. Shao, D. Li, Z. Zhang. A study on the breeding of dwarfing stocks of SH Series Apple. Acta Agriculturac Boreali−Sinica. 3（2）：86−93（1988）

'SH14'

S：K. Shao, D. Li, Z. Zhang. A study on the breeding of dwarfing stocks of SH Series Apple. Acta Agriculturac Boreali-Sinica. 3（2）: 86-93（1988）

'SH15'

S: K. Shao, D. Li, Z. Zhang. A study on the breeding of dwarfing stocks of SH Series Apple. Acta Agriculturac Boreali-Sinica. 3（2）: 86-93（1988）

'SH20'

S: K. Shao, D. Li, Z. Zhang. A study on the breeding of dwarfing stocks of SH Series Apple. Acta Agriculturac Boreali-Sinica. 3（2）: 86-93（1988）

'SH21'

S: K. Shao, D. Li, Z. Zhang. A study on the breeding of dwarfing stocks of SH Series Apple. Acta Agriculturac Boreali-Sinica. 3（2）: 86-93（1988）

'SH29'

S: K. Shao, D. Li, Z. Zhang. A study on the breeding of dwarfing stocks of SH Series Apple. Acta Agriculturac Boreali-Sinica. 3（2）: 86-93（1988）

'SH3'

S: K. Shao, D. Li, Z. Zhang. A study on the breeding of dwarfing stocks of SH Series Apple. Acta

Agriculturac Boreali-Sinica. 3（2）: 86-93（1988）

'SH4'

S: K. Sha, D. Li, Z. Zhang. A study on the breeding of dwarfing stocks of SH Series Apple. Acta Agriculturac Boreali-Sinica. 3（2）: 86-93（1988）

'SH5'

S: K. Shao, D. Li, Z. Zhang. A study on the breeding of dwarfing stocks of SH Series Apple. Acta Agriculturae Boreali-Sinica. 3（2）: 86-93（1988）

'SH9'

S: K. Shao, D. Li, Z. Zhang. A study on the breeding of dwarfing stocks of SH Series Apple. Acta Agriculturac Boreali-Sinica. 3（2）: 86-93（1988）

'SJM127'

O: S. Khanizadeh

PBR: Granted by CFIA（2007）, No. 2907

'SJM15'

O: S. Khanizadeh

PBR: Granted by CFIA（2007）, No. 2905

'SJM150'

O: S. Khanizadeh

PBR: Granted by CFIA（2007）,

No. 2908

‘SJM167’

O：S. Khanizadeh

PBR：Granted by CFIA（2007），No. 2909

‘SJM188’

O：S. Khanizadeh

PBR：Granted by CFIA（2007），No. 2996

‘SJM189’

O：S. Khanizadeh

PBR：Granted by CFIA（2007），No. 2997

‘SJM44’

O：S. Khanizadeh

PBR：Granted by CFIA（2007），No. 2906

‘SJP84–5162’

O：S. Khanizadeh

PBR：Granted by CFIA（2007），No. 2913

‘SJP84–5174’

O：S. Khanizadeh

PBR：Granted by CFIA（2007），No. 2998

‘SJP84–5180’

O：S. Khanizadeh

PBR：Granted by CFIA（2007），No. 2914

‘SJP84–5189’

O：S. Khanizadeh

PBR：Granted by CFIA（2007），No. 2915

‘SJP84–5198’

O：S. Khanizadeh

PBR：Granted by CFIA（2007），No. 2916

‘SJP84–5217’

O：S. Khanizadeh

PBR：Granted by CFIA（2007），No. 2910

‘SJP84–5218’

O：S. Khanizadeh

PBR：Granted by CFIA（2007），No.2911

‘SJP84–5230’

O：S. Khanizadeh

PBR：Granted by CFIA（2007），No. 2999

‘SJP84–5231’

O：S. Khanizadeh

PBR：Granted by CFIA（2007），No.2912

‘SX126’

S：X. Fan，X. Liu，J. Zhang，L. Shi. Effects of SX dwarf rootstocks on apple growth and fruiting. Journal of Fruit Science. 21（5）：399–401（2004）

'SX13'

S：X. Fan，X. Liu，J. Zhang，L. Shi. Effects of SX dwarf rootstocks on apple growth and fruiting. Journal of Fruit Science. 21（5）：399−401（2004）

'SX138'

S：X. Fan，X. Liu，J. Zhang，L. Shi. Effects of SX dwarf rootstocks on apple growth and fruiting. Journal of Fruit Science. 21（5）：399−401（2004）

'SX140'

S：X. Fan X. Liu，J. Zhang L.，Shi. Effects of SX dwarf rootstocks on apple growth and fruiting. Journal of Fruit Science. 21（5）：399−401（2004）

'U8'

S：S.Yan，S. Meng，S. Dong，D. Zhao，X. Chen，H. Yu. Breeding of apple resistant dwarf rootstock 'U8'. China Fruits.（2）：10−11（1999）

'V1'

O：A. Hutchinson

PBR：Granted by CFIA（2004），No. 1863

'V2'

O：A. Hutchinson

PBR：Granted by CFIA（2004），No. 1862

'V3'

O：A. Hutchinson

PBR：Granted by CFIA（2004），No. 1861

'Y−1'

S：T. Yang，J. Gao，G. Tian，Q. Wang，H. Cai，X. Du，G. Gong，K. Li，J. Liu，Q. Cui. 'Y−1'，a new early−fruiting and dwarfing rootstock for apple. Journal of Fruit Science.30（6）：1083−1085（2013）

'Y−2'

S：T. Yang，Q. Wang，G. Gui，J. Gao，H. Cai，C. Li，X. Du，Y. Wu，Z. Gao，S. Wang. Breeding of 'Y−2'，a early−fruiting and dwarfing rootstock for apple. Journal of Fruit Science.33（12）：1584−1587（2016）

'Y−3'

S：T. Yang，H. Cai，J. Gao，Q. Wang，C. Li，X. Du，Y. Wu，Z. Gao，L. Han，S. Wang，Y. Wang，G. Gong. Breeding of a new apple rootstock 'Y−3'. Journal of Fruit Science. 34（2）：245−248（2017）

'Yanzhen 1 Hao'

Epithet in original Chinese：'烟砧1号'

S：Z. Jiang，Y. Li，Q. Yu，M. Liu，L. Zhao，L. Song. Yanzhen

1, a new apple interstock with rough bark disease resistance. Journal of Fruit Science. 28（2）：363-364（2011）

'Yanzhen 2 Hao'

Epithet in original Chinese：'烟砧2号'

O：Z. Jiang，L. Zhao，L. Song，M. Liu，Y. Tang，Y. Sun，S. Zhang，X. Zhang，X. Liu

PBR：Granted by CNPVP（2019），No. CNA20180093.4

'Yanzhen 5 Hao'

Epithet in original Chinese：'烟砧5号'

O：L. Song，L. Zhao，J. Jiang，M. Liu，Y. Tang，Y. Sun，S. Zhang，X. Zhang，X. Liu

PBR：Granted by CNPVP（2019），No. CNA20180092.5

'Yanzhen 6 Hao'

Epithet in original Chinese：'烟砧6号'

O：L. Zhao，L. Song，Z. Jiang，M. Liu，Y. Tang，Y. Sun，S. Zhang，X. Zhang，X. Liu

PBR：Granted by CNPVP（2019），No. CNA20180091.6

'Zhongzhen 1 Hao'，（Originally translated as 'Chistock #1'）

Epithet in original Chinese：'中砧1号'，

O：Z. Han，X. Xu，Y. Wang，X. Zhang，Y. Sun，J. Shen

PBR：Granted by CNPVP（2018），No. CNA20151444.1

S：Z. Han，Y. Wang，X. Zhang，X. Xu，Y. Sun，J. Shen. Apple rootstock new variety chistock #1. Journal of Agricultural Biotechnology. 21（7）：879-882（2013）

'54-118'

S：A list of cold-tolerant dwarf regions and varieties of apple rootstock cultivated by National Michurin Agricultural University. p. 8（2007）

'57-146'

S：A list of cold-tolerant dwarf regions and varieties of apple rootstock cultivated by National Michurin Agricultural University. p. 23（2007）

'57-195'

S：A list of cold-tolerant dwarf regions and varieties of apple rootstock cultivated by National Michurin Agricultural University. p. 25（2007）

'57-233'

S：A list of cold-tolerant

dwarf regions and varieties of apple rootstock cultivated by National Michurin Agricultural University. p. 9 （2007）

'57–366'

　　S：A list of cold–tolerant dwarf regions and varieties of apple rootstock cultivated by National Michurin Agricultural University. p.10 （2007）

'57–476'

　　S：A list of cold–tolerant dwarf regions and varieties of apple rootstock cultivated by National Michurin Agricultural University. p. 11 （2007）

'57–490'

　　S：A list of cold–tolerant dwarf regions and varieties of apple rootstock cultivated by National Michurin Agricultural University. p. 12 （2007）

'57–491'

　　S：A list of cold–tolerant dwarf regions and varieties of apple rootstock cultivated by National Michurin Agricultural University. p. 13 （2007）

'57–545'

　　S：A list of cold–tolerant dwarf regions and varieties of apple

rootstock cultivated by National Michurin Agricultural University. p. 14 （2007）

'58–238'

　　S：A list of cold–tolerant dwarf regions and varieties of apple rootstock cultivated by National Michurin Agricultural University. p. 15 （2007）

'60–160'

　　S：A list of cold–tolerant dwarf regions and varieties of apple rootstock cultivated by National Michurin Agricultural University. p. 16 （2007）

'60–164'

　　S：A list of cold–tolerant dwarf regions and varieties of apple rootstock cultivated by National Michurin Agricultural University. p. 17 （2007）

'62–233'

　　S：A list of cold–tolerant dwarf regions and varieties of apple rootstock cultivated by National Michurin Agricultural University. p. 19 （2007）

'62–396'

　　S：A list of cold–tolerant dwarf regions and varieties of apple rootstock cultivated by National

Michurin Agricultural University. p. 18（2007）

'67–5（32）'

S：A list of cold−tolerant dwarf regions and varieties of apple rootstock cultivated by National Michurin Agricultural University. p. 20（2007）

'71–3–150'

S：A list of cold−tolerant dwarf regions and varieties of apple rootstock cultivated by National Michurin Agricultural University. p. 21（2007）

'75–9–5'

S：D. Zhao，S. Meng，X. Chen. A preliminary report on the two clones of apple dwarf rootstock graft with Fuji. Fruit science.（4）：33–35（1986）

'75–11–280'

S：A list of cold−tolerant dwarf regions and varieties of apple rootstock cultivated by National Michurin Agricultural University. p. 26（2007）

'76–6–6'

S：A list of cold−tolerant dwarf regions and varieties of apple rootstock cultivated by National Michurin Agricultural University. p. 22（2007）

Syn. of 'Budagovsky dwarf apple'

'77–33'

S：E. Li，Z. Rong，X. Li，D. Zhu. Apple dwarf rootstock '77–33、77−34' selected initial report. Bei Fang Guo Shu.（3）：24–26（1990）

'77–34'

S：E. Li，Z. Rong，X. Li，D. Zhu. Apple dwarf rootstock '77−33、77−34' selected initial report. Bei Fang Guo Shu.（3）：24–26（1990）

'98–7–77'

S：A list of cold−tolerant dwarf regions and varieties of apple rootstock cultivated by National Michurin Agricultural University. p. 27（2007）

后 记

    青岛市农业科学研究院果树研究历史悠久，早在20世纪10年代的"德华高等学校农业实习地"、20世纪40年代的"华北农事试验场青岛支场"即启动了果树品种引入、物候观察、栽培技术等的初步研究工作，是我国北方落叶果树科学研究的发祥地之一。新中国成立后，苹果砧木资源、砧木育种与矮化栽培技术研究逐渐成为青岛市农业科学研究院的特色研究学科，先后经历了本土砧木资源调查、利用；国外矮化砧木引进及配套栽培技术研究；自主创新选育砧木新品种、海棠新品种等阶段。

1. 山东省苹果砧木资源的调查研究

    从1956年至1980年，历时24年，对山东省苹果砧木资源进行了广泛的调查研究，明确了山东省苹果砧木资源的分布、来源、数量；描述了山东省苹果砧木生物学特性及植物学特征，澄清了长期以来种名和类型名称混杂不清的问题；解决了主要生产应用砧木类型种子层积等技术问题，对山东省及全国的苹果砧木区域化生产应用提出了指导性意见。利用西府海棠、楸子等6个种，30余个砧木类型，在青岛、泰安、烟台、临沂、东营等山地、沙滩地、平原地、盐碱地的不同生态类型条件下，进行了苗期生物学特性和生产适应性试验，明确了不同砧木类型的嫁接亲和性，抗旱、抗涝、抗盐性以及生产应用效应。该成果荣获国家科技进步二等奖，主要获奖人杨进先生汇集述评新中国成立后我国各地对苹果砧木资源的研究成果和科研资料，于1990年出版了《中国苹果砧木资源》一书，对我国苹果砧木资源的分布、不同砧木树种的植物学形态特征，主要苹果砧木类型的生物学特性等进行了详细论述，是我国苹果砧木资源研究领域的一部经典作品。

2. 国外苹果矮化砧木引进及生产应用研究

从1960年开始，国外苹果矮化砧木类型，如 M 系、MM 系、CG 系、Mark、P 系、B 系等开始引入我国。为了明确国外苹果砧木类型的风土适应性、栽培习性、利用方式、生产应用效果，青岛市农业科学研究院杨进、刘元勤、吴梅君等在不同生态条件下，长期进行了主要矮化砧木类型的生产应用效果和配套栽培技术研究。在当时的经济发展水平条件下，结合果农认知水平、果园栽培条件等因素，对矮化砧木作为中间砧利用，进行了砧穗组合、砧段长度、嫁接技术、栽培密度等配套栽培技术的研究与实践，为全国推广苹果矮化密植栽培提供了技术依据和栽培案例。筛选出"长富 12/M26/ 八棱海棠"等砧穗组合，在山东胶南、海阳，河南三门峡等地建立大面积试验示范基地，有力推动了我国苹果矮化栽培事业的发展。杨进编著的《矮化苹果生产技术大全》（1997年），刘元勤编著的《矮化苹果栽培技术》（1996年）等专著，总结、汇集了这方面的探索与成果。

3. 无融合生殖苹果矮化砧木选育研究

无融合生殖是指植物不发生雌雄配子融合而产生种子的一种繁殖方式。苹果属的湖北海棠、小金海棠、变叶海棠等种类具有无融合生殖特性。苹果属无融合生殖植物的一个重要用途是作为苹果砧木，与现行苹果栽培应用的有性种子基砧和无性系矮砧相比，无融合生殖植物具有许多优点：一是虽然用种子繁殖，但后代整齐一致；二是用种子繁殖，方便容易，与扦插、压条等繁殖方式相比，繁殖系数高，效率高，根系强壮，因而立地性好，适应性强；三是用种子繁殖，一般不带病毒，适应现代苹果无毒栽培的发展趋势，适合于嫁接脱毒接穗品种。

苹果属无融合生殖资源中湖北海棠、小金海棠等作为苹果基砧，在生产中已有应用，表现生长整齐，抗逆性强等特点。当今果树栽培的发展趋势是矮化密植，如果无融合生殖类砧木，兼具矮化性能，则可以克服现行无性系矮化砧的某些缺点，如无性系砧木作自根砧固地性差，适应范围窄；作中间砧需嫁接两次，育苗时间长，成本高，容易感染病毒等缺点。如果无融合生殖类砧木，兼具抗干旱、抗盐碱等性能，则可以扩大苹果的适应范围，降低生产成本，实现苹果砧木的专业化、区域化利用。无融合生殖型实生矮化苹果砧木的选育，正引起世界各国科研人员的关注，成为"当前苹果矮砧育种的一个主攻方向"（杨进等，1993，中国农业百科全书——果树卷）。

自 1970 年开始，青岛市农业科学研究院以分布于山东蒙山的湖北海棠类型——平邑甜茶（*Malus hupehensis*.Rehd）为试材，运用 ^{60}Co-γ 射线和快中子辐射处理种子、枝条，通过根皮率、枝条电阻值、节间长短及对相关矿物质的吸收规律等相关性状的试验测定，砧穗组合试验，进行矮化性预选、生产效能试验等，选出了'74-14'等无融合生殖砧木新品系。

自 1990 年开始，在继续进行辐射诱变育种的基础上，拓宽育种思路，丰富亲本资源，开展杂交育种、实生选种工作。以平邑甜茶、小金海棠等为母本，以苹果矮化砧、柱形苹果等为父本，配制杂交组合，先后育成了'青砧1号''青砧16号''青砧39号'等系列无融合生殖苹果砧木新品种。目前，有'青砧1号''青砧2号''青砧3号''青砧8号'等4个无融合生殖砧木新品种获得植物新品种保护权、进行了农业部非主要农作物新品种登记，'青砧1号''青砧2号'等2个品种获得山东省林木良种证书，通过了山东省品种审定。该项目2012年、2021年两次获得山东省科技进步奖二等奖。沙广利参编的《苹果矮化密植栽培——理论与实践》（2011年，韩振海主编）对青岛市农业科学研究院苹果无融合生殖砧木育种的前期工作进行了系统总结。

"青砧"系列砧木，耐盐碱，抗干旱，适应范围广，早果丰产，建园成本低，被中国工程院院士束怀瑞誉为"苹果矮化栽培的中国根"，已经在我国苹果主产区山东、陕西，以及新疆、四川、甘肃、宁夏等特色产区，得到推广应用，产生了良好的经济效益和社会效益。

无融合生殖型砧木是对无性系砧木的革命性变革，是对传统苹果矮化栽培方式的升级换代。利用"青砧"进行无支架矮化栽培，实现了两个重要突破：

一是扩大了我国矮化苹果的栽培范围，使得原来苹果生产的"临界区"成为苹果矮化栽培生产的"安全区"，可以降低生产风险，减少灾害损失，扩大了矮化苹果栽培范围，提高了盐碱地、寒冷地区的土地产出率。对于减轻国家耕地需求压力，保障粮食生产具有重要意义。我国的广大西部地区是苹果产业发展的新兴产区，苹果在当地经济发展、乡村振兴、农民致富中扮演重要角色，但是盐碱地较多，气候寒冷，"青砧"由于抗逆性强、适应性广，正在成为当地苹果栽培的优选砧木，为广大果农带来福音。

二是降低了矮化苹果生产的成本，与每亩投资 2 万元以上的欧美生产模式相比，'青砧'不需要支架，对气候、土壤肥水条件耐受性强，减少了架材、苗木、设备等成本投入。具有中国特色的'青砧'矮化栽培，为"阳春白雪"的欧美模式植入了"中国根"，从而能够走入"下里巴人"的寻常百姓家。

"青砧"系列砧木在各地应用表现出以下主要特点：

（1）干性强，可以无支架栽培，建园成本低。

（2）分枝容易、均匀，枝干比适宜，树体成形快。

（3）开始结果早，丰产稳产，见效快。

（4）苗木整齐，树势一致，果品商品性好。

（5）种子繁殖，可以阻断病毒代际传播，减少病毒扩散。

（6）根系发达，抗性强，适应盐碱、干旱、重茬、寒冷等多种土壤、气候、环境条件。

4. 海棠新品种育种

我国是著名的世界"园林之母"，苹果属植物资源丰富。近年来引进的北美海棠等国外观赏海棠品种，其亲本大多可以追溯到中国原产的苹果属植物，如山丁子、红肉苹果、楸子、扁棱海棠、三叶海棠、垂丝海棠和多花海棠等。北美海棠育种多以园艺爱好者个人行为为主，育种的偶然性、随意性较强，缺乏系统性工作计划。近年来，国内多个育种团队开展了系统的观赏海棠品种选育研究，大大丰富了我国观赏海棠的品种种类。如北京植物园郭翎团队、南京林业大学张往祥团队、山东农业大学沈向团队、北京农学院姚允聪团队、沈阳农业大学吕德国团队、山西农业大学杨廷桢团队等。青岛市农业科学研究院苹果砧木研究团队利用砧木资源优势，通过杂交、辐射诱变、实生选种等育种手段，选育了具有鲜明特色的'大棠'系列观赏海棠品种，如树体柱形、叶片革质的'大棠婷美'，重瓣花、有香味、花期晚、绿果的'大棠芳玫'，树体紧凑、耐修剪、易成型的树篱类海棠'大棠君安'，幼叶蜡质、有光泽的'大棠婷靓'，长圆果形、果色鲜艳、挂树长久的'大棠吉祥'等。

附录1介绍了青岛市农业科学研究院选育的已获得或正在申请植物新品种保护权的苹果砧木及海棠新品种的基本情况；附录2收录了世界各国2019年以前获得植物品种权或有文献报道的苹果砧木品种，包括选育者、品种权号、报道文献等信息，作为国际海棠品种权登录苹果砧木部分的依据。

本书的成稿得益于青岛市农业科学研究院苹果资源研究的长期积淀，是前辈踏遍青山的辛苦收集，寒来暑往的细心呵护，成就了我们类型丰富的资源圃，为我们从事科研工作奠定了基础，成为我们的特色与优势。本书是苹果砧木研究团队集体智慧的结晶，是我们工作的一个阶段性总结，还有一些资源类型没有收录，已经收录的资源还需要进一步完善，从而使本书更加实用、好用，敬希读者指正，以便今后修订，使之更趋完善。

沙广利

2023 年 12 月 27 日